Armando Vinicio Paredes Peralta
Luis Fernando Arboleda Álvarez
Jhoanna Isabel Caiza Cuzco

AMIDO, COMO REVESTIMENTO COMESTÍVEL NA CONSERVAÇÃO DE ALIMENTOS

Armando Vinicio Paredes Peralta
Luis Fernando Arboleda Álvarez
Jhoanna Isabel Caiza Cuzco

AMIDO, COMO REVESTIMENTO COMESTÍVEL NA CONSERVAÇÃO DE ALIMENTOS

UTILIZAÇÃO E EFEITO NA CONSERVAÇÃO DOS FRUTOS

ScienciaScripts

Imprint

Cover image: www.ingimage.com

This book is a translation from the original published under ISBN 978-613-9-43547-0.

Publisher:
Sciencia Scripts
is a trademark of
Dodo Books Indian Ocean Ltd. and OmniScriptum S.R.L publishing group

120 High Road, East Finchley, London, N2 9ED, United Kingdom
Str. Armeneasca 28/1, office 1, Chisinau MD-2012, Republic of Moldova, Europe
Printed at: see last page
ISBN: 978-620-8-21403-6

"AMIDO, UTILIZAÇÃO E EFEITO COMO REVESTIMENTO COMESTÍVEL NA CONSERVAÇÃO DE FRUTOS".

ÍNDICE DE CONTEÚDOS

TÍTULO

"AMIDO, SUA UTILIZAÇÃO E EFEITO COMO REVESTIMENTO COMESTÍVEL NA CONSERVAÇÃO DE FRUTOS".

RESUMO

As perdas pós-colheita de frutas e hortaliças causadas por microrganismos são elevadas devido à falta de recursos tecnológicos e à ausência de sistemas de proteção, o que provoca baixa competitividade nesta cadeia de valor, afectando diretamente a economia dos produtores. Por este motivo, vários investigadores têm-se focado na procura de novas técnicas que sejam amigas do ambiente e que prolonguem o tempo de vida útil dos produtos da cadeia hortofrutícola. Este documento tem como objetivo compilar a informação existente sobre o amido, a sua utilização e efeito protetor como revestimento comestível na conservação de frutos. A informação que compõe o documento que se segue provém de livros, revistas, normas e teses electrónicas, completando-se a pesquisa com a leitura e rastreio da bibliografia referenciada nos documentos selecionados, de forma a proporcionar uma boa base e uma visão global do tema, que foram hierarquizados de acordo com a hierarquia da evidência científica. Com base nos resultados evidenciados em diferentes estudos, deduz-se que o amido é uma alternativa interessante para a conservação de frutas, pois atua como uma barreira protetora que evita a perda de peso, preserva as caraterísticas sensoriais por mais tempo e prolonga a vida útil das frutas por mais tempo. Por esta razão, passou a ser considerado um produto promissor para a criação de revestimentos e películas comestíveis, uma vez que é um recurso altamente disponível, facilmente biodegradável e amigo do ambiente.

Palavras chave: amido, frutos, revestimentos comestíveis, pós-colheita, propriedades funcionais.

INTRODUÇÃO

Os frutos são produtos agrícolas altamente perecíveis, devido à atividade metabólica que continua mesmo depois de colhidos, e ao mesmo tempo ao seu elevado teor de água que facilita as condições de vida necessárias para o desenvolvimento de fungos e bactérias, provocando assim a rápida e extensa destruição de tecidos em toda a anatomia do produto, diminuindo a qualidade e o valor comercial do fruto. (Organização das Nações Unidas para a Alimentação e Agricultura. 2004. p.8)

(Infoagro. 2019.p.1) afirma que: Globalmente, as perdas pós-colheita de frutas e hortaliças causadas por microrganismos, são da ordem de 5-25% nos países desenvolvidos e 20-50% nos países em desenvolvimento. A diferença reside no facto de os países desenvolvidos disporem de mais recursos tecnológicos e económicos para evitar as perdas. O mesmo não acontece nos países em desenvolvimento, onde as perdas pós-colheita são elevadas devido à falta de recursos tecnológicos e à ausência de sistemas de proteção, o que provoca a baixa competitividade desta cadeia de valor, limitando seriamente a sua melhoria e afectando diretamente a economia dos comerciantes.

Como mencionado anteriormente, vários estudos têm-se centrado na investigação de diferentes técnicas de conservação que ajudam a reduzir a deterioração e a perecibilidade dos alimentos, fazendo referência à utilização de revestimentos comestíveis como uma alternativa para a conservação pós-colheita.

De acordo com (Fernández, D. et al., 2015.p. 53), um revestimento comestível (RC) pode ser definido como uma matriz transparente fina, comestível e contínua, que é formada em torno de um alimento, a fim de preservar a sua qualidade, reduzir a proliferação de microorganismos e servir como embalagem. A maioria dos RC, são feitos a partir de polissacarídeos pelas suas boas propriedades de adesão aos frutos, o que lhes permite ser mais eficazes, sendo o amido um hidrato de carbono muito utilizado para revestir diversas frutas e vegetais, pois a sua aplicação em frutas, não produz riscos de alterações de sabor, como de cor, além de ser um recurso facilmente extraível e de baixo custo. (Ramos, M., 2018. pp.1-3).

Assim, de forma a otimizar não só a produtividade mas também a máxima utilização dos recursos e tendo em conta a preocupação das novas gerações em consumir produtos saudáveis e isentos de conservantes e outros aditivos químicos, esta investigação estabeleceu os seguintes objectivos: Compilar a informação existente sobre o amido, a sua utilização e o seu efeito protetor como revestimento comestível na conservação de frutos. Selecionar os fundamentos teóricos mais importantes, que nos permitem conhecer os benefícios proporcionados pelos revestimentos na conservação dos frutos. Identificar o amido mais adequado para a produção de revestimentos comestíveis através de uma revisão bibliográfica.

CAPÍTULO I

1. QUADRO TEÓRICO DE REFERÊNCIA

1.1. Frutos

De acordo com o Instituto Ecuatoriano de Normalización (INEN 1751, 1996, p. 4), sobre os frutos frescos, refere que: "Um fruto é todo o órgão comestível da planta, proveniente da frutificação, destinado ao consumo no seu estado natural, cujas células se mantêm em estado de turgescência e que apresentam caraterísticas de maturação comercial".

1.1.1. *Problema pós-colheita dos frutos*

Após a colheita, os frutos frescos são susceptíveis ao ataque de agentes patogénicos saprófitas ou parasitas, devido ao seu elevado teor de água e nutrientes e porque perderam a maior parte da resistência intrínseca que os protegeu durante o seu desenvolvimento na árvore. As perdas económicas causadas por doenças pós-colheita representam atualmente um dos principais problemas da indústria frutícola mundial (Acuña, L. et al., 2015. p. 1).

Os agentes patogénicos mais importantes que causam grandes perdas de frutas e legumes são geralmente bactérias e fungos, no entanto, mais frequentemente são as espécies fúngicas que causam a deterioração patológica de frutas, folhas, caule e produtos subterrâneos (raízes, tubérculos, cormos, etc.) (Rubio, F., 2015. pp. 3-4).

A perda e o desperdício de alimentos é um problema crescente no Canadá, nos Estados Unidos e no México, onde cerca de 170 milhões de toneladas de alimentos são perdidos e desperdiçados anualmente, gerando enormes quantidades de metano, um gás com efeito de estufa 25 vezes mais potente do que o dióxido de carbono, bem como outros efeitos ambientais e socioeconómicos, como a utilização ineficiente dos recursos naturais, perdas económicas, perda de biodiversidade e problemas de saúde pública. (Comissão para a Cooperação Ambiental, 2017.p.9).

1.1.2. *Doenças e deterioração*

Todas as frutas, legumes e raízes são partes vivas de plantas que contêm 65-95% de água e cujos processos vitais continuam após a colheita. A sua vida após a colheita depende do ritmo a que consomem as reservas alimentares armazenadas e da taxa de perda de água. Quando as reservas de alimentos e de água se esgotam, os produtos morrem e deterioram-se. Qualquer fator que acelere o processo pode fazer com que o produto se torne não comestível antes de chegar ao consumidor.

Os produtos frescos podem ser infectados, antes ou depois da colheita, por doenças transmitidas pelo ar, pelo solo e pela água. Algumas doenças podem penetrar na pele intacta do produto, enquanto outras só podem causar infecções quando já existe uma lesão. Estes danos são provavelmente a principal causa das perdas de produtos frescos (López, H.,2013. pp.31-32).

A deterioração pós-colheita por fungos e bactérias em produtos frescos causa danos físicos, aumento da perda de água e respiração. A contaminação bacteriana é mais frequentemente causada pelo contacto com água infetada ou pelo contacto com bactérias do solo, enquanto os fungos proliferam por extensão e divisão celular ou pela formação de esporos que são dispersos pelo ar, água, vectores animais e insectos. Durante o armazenamento, o produto envelhece e os tecidos são enfraquecidos por uma degradação gradual da estrutura e integridade celular, sendo incapazes de resistir à invasão, resultando em infeção por organismos patogénicos (ou seja, a infeção é latente). (Rubio, F., 2015. pp. 2-3).

1.2. Amido.

De acordo com (Melo, D. &et al.,2015. p.38), o amido é um biopolímero de grande importância composto por amilose e amilopectina, é a maior fonte de nutrição para animais e humanos, é uma importante matéria-prima para a indústria, é um material abundante, renovável, biodegradável e de baixo custo, extraído de diversas fontes naturais como tubérculos, cereais, leguminosas e frutos verdes, que quando hidrolisado pode gerar produtos de maior valor comercial.

1.2.1. *Principais fontes de amido*

As principais fontes convencionais de farinha e amido são os cereais, como o milho, o trigo, o arroz e o sorgo, e os tubérculos, como a batata e a mandioca; são também utilizadas folhas e sementes de leguminosas. Atualmente, estão a ser exploradas outras fontes não convencionais que apresentam caraterísticas físico-químicas, estruturais e funcionais para utilização na indústria, como materiais para embalagens biodegradáveis, produção de amidos resistentes, produção de produtos alimentares e como substitutos dos amidos de trigo e milho na panificação. (Montoya, J. et al.,2015. p.12).

1.2.2. *Composição do amido*

Os grânulos de amido são compostos por uma mistura de dois polímeros: a amilose e a amilopectina. Estes polímeros têm a mesma estrutura básica, mas diferem no seu comprimento e grau de ramificação, o que acaba por afetar as propriedades físico-químicas. A amilose é essencialmente um polissacárido linear ou pouco ramificado com ligações α (1-4) com um peso molecular de 105-106 e pode ter um grau de polimerização (DP) tão elevado como 600. Enquanto que a amilopectina é um polímero altamente ramificado com um peso molecular de 107-109 e ligações α (1-4) (cerca de 95%) e α (1-6) (cerca de 5%) e com um DP de cadeia excecional ~ 15, que é responsável pela cristalinidade dos materiais e esta estrutura afecta as propriedades físicas e biológicas.(Shah, U., et al. 2015.p.2)

Quanto menor for a percentagem de amilase, mais estável é o amido e mais resistente à retrogradação (rearranjo da amilose e da amilopectina numa estrutura cristalina quando as pastas de amido são arrefecidas). O quadro 1-1 apresenta a percentagem de amilose de alguns amidos. O amido de mandioca tem uma baixa tendência para a retrogradação e produz um gel muito claro e estável (Cevallos, J., 2007.p. 49).

Tabela 1-1. Percentagem de amilose nos amidos mais comuns

% de amilose	Tipo de amido
24 a 36	Milho
17 a 29	Trigo
8 a 37	Arroz
18 a 23	Papa
16 a 19	Mandioca

Fonte: (Cevallos, J., 2007.p. 50).

Realizado por: Os autores, 2020.

1.2.3. *Métodos de extração do amido*

Existem diferentes métodos de extração do amido, seja do milho, do trigo, da mandioca, da batata ou da banana. Os principais e mais gerais são: O método seco e o método húmido, estes métodos são bastante simples para a extração de amido de mandioca, plátano e um pouco mais simples do que os de cereais ou milho.(Carrasco, L.; & Molocho, V.,2015. pp.3-4).

1.2.3.1. Método seco:

Consiste basicamente na trituração dos frutos após a lavagem, obtendo-se deste processo a farinha, que é posteriormente peneirada para obtenção do amido. Tendo em conta as operações que são efectuadas de imediato, para desenvolver o método e obter um produto final de qualidade e com caraterísticas que são desejáveis no amido (Carrasco, L.; & Molocho, V.,2015. p.4).

1.2.3.2. Método húmido:

Este método consiste em esmagar ou reduzir o tamanho da banana para remover em meio líquido os componentes da polpa que são relativamente maiores, como fibras e proteínas, facilitando posteriormente a eliminação da água por decantação e, finalmente, lavando o material sedimentado para eliminar as últimas fracções que não sejam amido e, finalmente, submetendo o amido purificado a seco (Carrasco, L.; & Molocho, V.,2015. p.4).

1.2.4. *Diferenças físicas dos amidos*

Os amidos de mandioca e de batata incham rapidamente a baixa temperatura; o seu pico de viscosidade é também elevado, enquanto o pico de viscosidade dos amidos de milho e de trigo é relativamente baixo, porque os grânulos estão moderadamente inchados e requerem temperaturas mais elevadas. Os amidos nativos são insolúveis em água a temperaturas inferiores ao seu ponto de gel. A viscosidade é medida em unidades Brabender, que reflectem a consistência e as propriedades da pasta sob aquecimento e arrefecimento num determinado período de tempo. As curvas de viscosidade Brabender são caraterísticas e diferentes para cada tipo de amido (Almidones de Sucre, 2015, p. 2).

O quadro 2-1 apresenta em pormenor as curvas de viscosidade, as caraterísticas de cada tipo de amido.

Tabela 2-1: Temperatura de viscosidade dos amidos mais comuns.

Amido 95°C 20 min.	Temperatura do gel. °C 50°C 20 min.	Gama de picos de viscosidade
Mandioca	54-66	800-1500
Papa	56-66	1000-2500
Milho	70-80	300-600
Trigo	75-85	200-500

Fonte: (Almidones de Sucre.,2015. p. 2)

Realizado por: Os autores, 2020.

1.2.5. *Viscosidade dos amidos e féculas*

Na presença de água e com um fornecimento adequado de energia, o amido sofre um processo de gelatinização em que a sua estrutura cristalina se decompõe, passando de grânulos insolúveis a uma solução das suas moléculas, dando origem a pastas viscosas. Durante este processo, as moléculas de amilose difundem-se na água para formar um gel, enquanto a amilopectina perde a sua ordem cristalina. Esta transição ordem-desordem que os polímeros de amido sofrem quando aquecidos tem um impacto no processamento, qualidade e estabilidade dos produtos à base de amido (Salgado. R, et al.,2019. p.99).

O quadro seguinte apresenta as propriedades da massa dos amidos mais comuns

Tabela 3-1: Propriedades da pasta para alguns amidos.

Imóveis	Amido Amidos e féculas			Fator
	Mandioca	Papa	Milho	
Conhecimento	Rápido	Rápido	Lento	Velocidade de inchamento do grânulo.
Estabilidade durante a cozedura	Pobres	Pobres	Bom	Fragilidade e solubilidade dos grânulos.
Pico de viscosidade	Elevado	Muito elevado	Moderado	Crescimento e solubilidade dos grânulos.
Gelificação	Baja	Baja	Muito elevado	Retrogradação de moléculas

Consistência	Filamentosa	Filamentosa	Cortar	Grânulos inchados, rigidez e retrogradação
Espessamento	Elevado	Muito elevado	Moderado	Tamanho e atração dos grânulos inchados.
Resistência ao cisalhamento	Pobres	Pobres	Moderado	Rigidez

Fonte: (Cevallos, J., 2007.p. 54).

Realizado por: Os autores, 2020.

1.2.6. *Factores que influenciam a formação de géis.*

- Origem do amido: De acordo com os diferentes tipos de grãos, quanto mais longa for a ligação de hidrogénio, mais forte e resistente será o gel.
- Os amidos nativos são insolúveis em água a temperaturas inferiores ao seu ponto de gel.
- Quanto maior for a concentração de amido, maior será a viscosidade obtida.
- A viscosidade diminui com a presença de sacarose. A sacarose exerce um efeito plastificante, diminuindo a força do gel. Isto deve-se ao facto de a sacarose interferir com as interações com a água, que tem uma afinidade com a sacarose e a absorve.
- A estrutura do amido torna-se mais integrada, uma vez que não interage com a água, pelo que teremos de aplicar mais temperatura para quebrar a pasta de amido.
- As gorduras exercem também uma ação plastificante porque formam complexos que tornam o gel menos resistente, menos forte (Contreras, M.et al.,2015. pp.4-5).

O quadro seguinte apresenta alguns factores que afectam a pasta de amido

Tabela 4-1: Factores que afectam a viscosidade de uma pasta de amido.

Concentração % Concentração % Concentração % Concentração	Temperatura (°C)	Tempo (minutos)	Rotações (rpm)	Quebra de grânulos	Viscosidade (cps)
3	90	30	120	Não	15
5	90	30	120	Não	1080
5	90	30	1800	Caro	317
5	100	30	160	Caro	754
5	100	30	1800	Caro	90
10	90	30	120	Não	11800
10	90	30	1000	Caro	7920
20	100	30	1000	Completo	18500
20	100	60	1000	Completo	9480

Fonte: (Cevallos, J., 2007.p. 55).

Realizado por: Os autores, 2020.

1.2.7. *O amido na indústria dos plásticos.*

O desenvolvimento de materiais à base de polímeros orgânicos a partir de biomassa que sejam biodegradáveis tem-se centrado no amido, que é um material abundante e economicamente competitivo com o petróleo. Entre as principais fontes de amido para a indústria podemos citar: batata, trigo, arroz, cevada, aveia e soja (Ruiloba. I, et al.,2018. p.1). O amido modificado tem propriedades especiais que podem ser utilizadas para vários fins, como os bioplásticos, uma vez que são obtidos com recursos a custos muito baixos e com métodos de produção simples, são mais baratos do que alguns polímeros sintéticos (Holguín, J.,2019. p. 34).

(Villada. H, et al.,2008. p.6), refere que a transformação do amido granular é influenciada pelas condições do processo, tais como a temperatura e o teor de plastificante, neste caso a água e o glicerol são os mais utilizados. Durante os diferentes processos de termoplasticidade, actuam como lubrificantes que facilitam a mobilidade das cadeias poliméricas. Além disso, retardam a retrogradação dos produtos termoplásticos. De acordo com (León, C., 2018.p.14), a aplicação do amido como bioplástico requer principalmente a transformação da estrutura semi-cristalina numa matriz homogénea amorfa, obtendo assim um material manejável que permite a moldagem de um filme ou revestimento. As desvantagens dos amidos nativos podem ser ultrapassadas através de transformações físico-químicas para obter um material mais atrativo e versátil para a indústria.

A figura 1 mostra um plástico biodegradável feito de amido de mandioca.

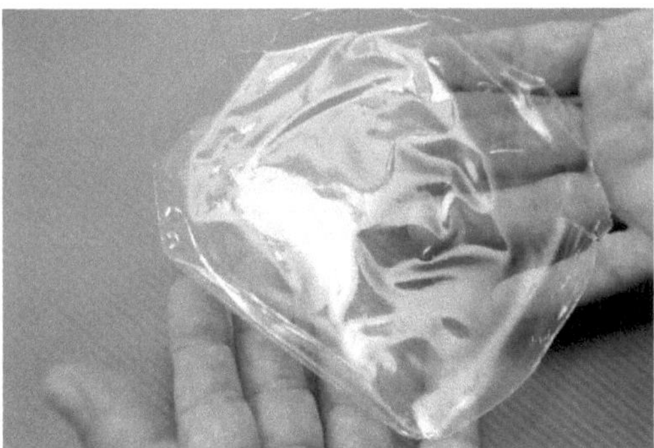

Figura 1-1: Plástico biodegradável a partir de fécula de mandioca

Fonte: (Oliveira.,2019. p.1)

1.3. Revestimentos comestíveis

São soluções que aderem à superfície da fruta, os seus componentes servem para melhorar o aspeto, aumentar o brilho, conservar a textura, a suavidade e o sabor. É usado como um meio para adicionar aditivos que controlam o amadurecimento, prolongar a vida útil e retardar as mudanças físico-químicas que ocorrem na fruta, que deve ser legal, inofensivo, sensorialmente aceitável (Ruiz, D., 2015.p.45). Para (Ancos, B. et al., 2015.p.10), estes revestimentos são aplicados na forma líquida por imersão ou pulverização, formando uma película sobre o alimento.

Esta tecnologia é amiga do ambiente e poderia, em certa medida, substituir as embalagens de plástico por embalagens naturais e biodegradáveis. As películas e os revestimentos comestíveis melhoram as propriedades de qualidade, segurança e estabilidade dos alimentos revestidos. Além disso, modificam as propriedades mecânicas, uma vez que formam uma barreira semipermeável aos gases e vapores entre o alimento revestido e a atmosfera circundante (Valencia, S.; & Torres, J., 2016. pp.162).

1.3.1. *Componentes de revestimentos comestíveis*

O PC e o RC podem ser fabricados a partir de uma grande variedade de polissacarídeos, proteínas e lípidos, isoladamente ou em combinações que aproveitem os benefícios de cada grupo, tais formulações podem incluir plastificantes e emulsionantes que são utilizados em conjunto de natureza química diferente, a fim de ajudar a melhorar as propriedades funcionais do filme ou revestimento. Apresentam vantagens como a comestibilidade, a dureza, a transparência e as boas propriedades de barreira contra o oxigénio e o vapor de água (Fernández, D., 2015. p. 54).

1.3.1.1. Lípidos.

Os lípidos reduzem a transmissão do vapor de água, impedindo a desidratação precoce do fruto, e formam uma solução transparente que não altera a cor caraterística do produto. As propriedades de barreira mecânica são muito fracas, pelo que é necessário misturar com outras substâncias (Ruiz, D., 2015.p.47).

1.3.1.2. Proteínas

São bons materiais para a formação de revestimentos, uma vez que apresentam excelentes propriedades mecânicas e estruturais, mas têm uma fraca capacidade de barreira contra a humidade, o que implica uma diminuição da taxa de respiração em frutas e vegetais, situação que não ocorre com os lípidos devido às suas propriedades hidrofóbicas, especialmente naqueles com altos pontos de fusão, no entanto, têm propriedades mecânicas pobres que devem ser contrariadas com o uso de aditivos (Fernández, M. et al., 2017.p.136).

1.3.1.3. Polissacáridos

Os polissacáridos são polímeros que contêm grupos hidroxilo de carácter hidrofílico, razão pela qual têm uma elevada adesão aos alimentos. As RC preparadas com estes componentes formam revestimentos com uma boa barreira às trocas gasosas, mas com uma proteção reduzida contra a perda de humidade. Os componentes amplamente investigados para a formação de RC e PC são o amido e seus derivados, quitosana, alginatos, carragenina, celulose e seus derivados, pectinas e diversas gomas. (Valencia, S.; & Torres, J., 2016. pp.163-164).

1.3.2. ***Função dos revestimentos comestíveis***

De acordo com (Solórzano, V., 2015.p. 30), um dos objectivos para os quais os revestimentos comestíveis foram criados é atuar em conjunto com embalagens sintéticas, a fim de melhorar a qualidade sensorial e prolongar a vida útil dos alimentos. Algumas das funções desempenhadas pelos revestimentos comestíveis são a redução da perda de humidade, dos componentes voláteis e das trocas gasosas. (Solano, L. et al., 2018.p.32), refere que a utilização de películas e revestimentos comestíveis sobre os alimentos, evitam a perda ou ganho de humidade que provoca uma alteração na textura e turgescência, atrasam as alterações químicas como a cor, o aroma e o valor nutricional, pois actuam como uma barreira contra as trocas gasosas que influenciam a estabilidade química e microbiológica, para além de evitarem danos mecânicos por manuseamento, também reduzem significativamente a perda de peso, água e trocas gasosas, bem como atrasam o envelhecimento e melhoram a qualidade sensorial destes.

Os revestimentos actuam como barreiras à perda de água e às trocas gasosas, controlando a transferência de humidade, oxigénio, lípidos e componentes de sabor (Figura 2), com um efeito semelhante ao promovido pelo armazenamento em condições controladas ou atmosferas modificadas (Santiago, M., 2015. p.5).

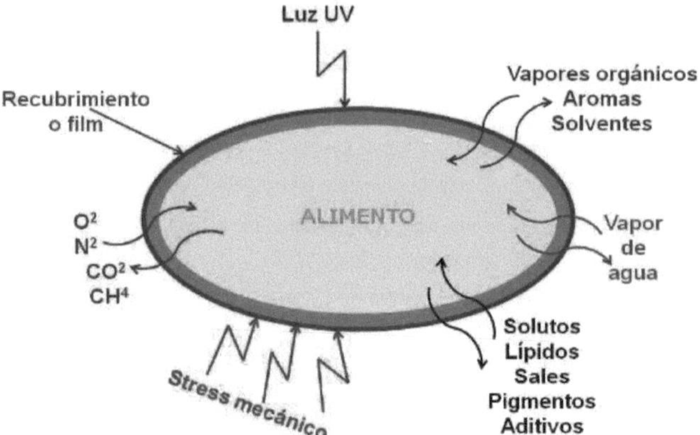

Figura 2-1: Filmes biodegradáveis de transferência controlada

Fonte: (Santiago, M.,2015. p.6)

1.3.3. *Aditivos utilizados em revestimentos alimentares.*

(Falconi, J., 2016. p.45), afirma que um aditivo é constituído por vários componentes que podem ser adicionados aos revestimentos para melhorar as suas propriedades físico-químicas, mecânicas, protectoras, sensoriais e nutricionais, a fim de otimizar a sua utilização.

Os aditivos podem ser:

1.3.3.1. Plastificantes

Os plastificantes são materiais de baixa volatilidade que são adicionados a um polímero para aumentar a sua flexibilidade, elasticidade e fluidez no estado fundido. Entre os agentes plastificantes mais frequentemente utilizados estão o glicerol e o sorbitol, que ajudam a melhorar as propriedades mecânicas, bem como a permeabilidade ao vapor de água, as propriedades térmicas e, por vezes, a cor. A utilização de concentrações elevadas de ambos os plastificantes aumenta a percentagem de alongamento (Solano, L. et al., 2018. p. 38).

1.3.3.2. Emulsionantes

Evitam a fratura do revestimento no alimento, reduzem a atividade da água e a taxa de perda de humidade no produto. Os emulsionantes devem ser emulsionantes de qualidade alimentar, que são normalmente ésteres de ácidos gordos comestíveis de origem vegetal ou animal e fontes de polióis como o glicerol, o propilenoglicol, o sorbitol e a sacarose. O primeiro requisito de um alimento emulsionante é que seja não tóxico, não cancerígeno e não alergénico (Falconi, J., 2016. pp. 45-46).

1.3.3.3. Agentes antimicrobianos.

São substâncias que são formadas por elementos ativos que tem como objetivo prevenir, destruir, impedir a ação de algum microrganismo nocivo, o resultado de sua função antimicrobiana no revestimento vai depender do grau de concentração. Dentro deste grupo estão o ácido cítrico, ácido ascórbico, ácido benzoico (Falconi, F., 2016. p. 48).

1.3.3.4. Compostos bioactivos.

Os compostos bioactivos são substâncias naturais que visam preservar as propriedades naturais e nutricionais dos alimentos e enriquecê-los naturalmente. Dentro deste grupo estão os óleos essenciais que possuem propriedades antioxidantes e antimicrobianas, cuja utilização tem sido notada na investigação para melhorar o manuseamento pós-colheita (Falconi, J. 2016. p. 48).

1.3.4. *Parâmetros de qualidade das películas e revestimentos comestíveis.*

1.3.4.1. Permeabilidade ao vapor de água

A permeabilidade ao vapor de água (PVA) é um dos factores mais importantes na caraterização da PC, uma vez que é em grande parte responsável pela preservação das propriedades do alimento, a transferência de vapor de água depende geralmente da porção hidrofóbica dos componentes da película ou revestimento comestível, uma vez que através do movimento do vapor de água nos polímeros, a transferência de humidade do produto para o ambiente é controlada, pelo que se procura que seja o mais lenta possível (Solano, L. et al., 2018.p. 32).

A transferência de água através da película (PVA) ocorre em três etapas: primeiro, o vapor de água condensa-se e deposita-se no lado de alta concentração de água da superfície da película; segundo, as moléculas de água movem-se através da película, impulsionadas por um gradiente de concentração ou atividade; e terceiro, a água evapora-se do outro lado da película (Garcia, M.et al.,2018. p.39).

1.3.4.2. Propriedades mecânicas

As propriedades mecânicas das películas e revestimentos dependem principalmente do polímero utilizado para a sua formação e da adição de agentes estruturantes e aditivos. Um dos aditivos mais utilizados são os plastificantes. O efeito destes compostos nas propriedades mecânicas das películas resulta numa redução da rigidez, que se traduz numa menor tensão máxima de rutura e num maior alongamento relativo (García, A., 2017. p.18). As propriedades mecânicas geralmente avaliadas para caraterizar os PCs são a resistência à tração, que é a força necessária para quebrar o filme por estiramento; alongamento que implica o grau em que o filme pode esticar antes de quebrar; para isso é utilizado o módulo de Young que mede a rigidez e a compressibilidade de um material estrutural (Garcia, M. et al., 2018.p.39).

1.3.4.3. Propriedades da superfície

As propriedades de superfície das películas e revestimentos referem-se principalmente à capacidade de aderência à superfície dos produtos alimentares. Estas duas propriedades dependem da capacidade do polímero para formar numerosas ligações intermoleculares de elevada resistência, de modo a que as cadeias poliméricas fiquem firmemente unidas. Os plastificantes, que reduzem o nível de coesão, e os tensioactivos, que melhoram a capacidade de aderência à superfície dos alimentos, são utilizados para melhorar estas propriedades (Garcia, A., 2017.p.15).

1.3.4.4. Propriedades ópticas

A cor e a transparência das películas e revestimentos comestíveis são de grande importância, uma vez que a decisão de compra do consumidor é fortemente afetada pelo aspeto exterior do alimento. Além disso, a cor e o aspeto do produto influenciam diretamente a aceitação ou rejeição do produto quando ingerido, podendo mesmo afetar a perceção sensorial do produto. Por conseguinte, é importante adicionar compostos activos nos revestimentos para que não afectem grandemente a cor e o aspeto da fruta (García, A., 2017.p.15).

1.4. Utilização de amido para formular CR

O amido é cada vez mais considerado como uma das fontes renováveis com capacidade de formação de película devido às suas muitas vantagens: fácil disponibilidade, elevado rendimento de extração, biodegradabilidade e incompatibilidade, o que o torna um produto promissor para revestimentos e películas comestíveis (Shah, U. et al., 2015.p. 1). Os grânulos de amido contêm dois tipos de moléculas poliméricas: amilose e amilopectina. A primeira apresenta excelentes propriedades para formar películas fortes, isotrópicas, inodoras, insípidas e incolores (Solano, L. & et al., 2018.p. 33). Os revestimentos à base de amido não têm um sabor, odor ou cor caraterísticos, pelo que, quando utilizados numa matriz alimentar, não alteram o perfil sensorial (León, C., 2015.p.14).

No entanto, embora o amido seja um material barato e abundante, tem um carácter hidrofílico que o torna altamente sensível à água e apresenta propriedades limitadas de barreira ao vapor de água, e o desenvolvimento mecânico do revestimento é afetado pela retrogradação, uma vez que as hélices duplas de amilose e amilopectina se reticulam, endurecendo a película (Zapador, M.; & Chiral, A., 2018. P. 2).

No entanto, se os grânulos forem transformados numa matriz amorfa homogénea, a viabilidade da sua utilização é aumentada. Isto é feito através da gelatinização dos grânulos de amido e da presença de um plastificante. Uma maior presença de moléculas de amilose aumenta a opacidade e a espessura das películas, enquanto uma menor presença gera películas translúcidas e mais finas (Basiak, E. et al., 2017. p.1). De acordo com (Castillo, C., 2015. p. 27). Os grânulos de amido de mandioca contêm uma pequena percentagem de lípidos em comparação com os amidos de cereais (milho e arroz). Isto favorece o amido de mandioca, uma vez que estes lípidos formam um complexo com a amilose, que tende a suprimir o inchaço e a solubilização dos grânulos de amido.

1.4.1. *Amido mais utilizado em revestimentos comestíveis.*

Dentre os hidrocolóides utilizados para a formulação de filmes estão: os polissacarídeos, sendo o amido de mandioca modificado o mais utilizado, além disso existem os alginatos, pectinas, quitosana e derivados de celulose, além de proteínas como a caseína, colágeno e algumas proteínas do soro do leite. (Solórzano, V.,2015. p.12).

(Amaiz, S. et al., 2018. p. 140) menciona que o amido de mandioca é o mais utilizado para fazer revestimentos e filmes comestíveis devido ao seu alto desempenho e fácil aderência aos alimentos, além de proporcionar um brilho atraente ao revestimento. Junto com eles, a adição de um plastificante, como a glicerina, é comum e indispensável para melhorar a flexibilidade do revestimento comestível.

(Pilataxi J., 2017. p. 9), indica que a fécula de mandioca tem uma viscosidade invulgar, que lhe permite formar géis moles, inodoros, transparentes e relativamente estáveis à retrogradação, qualidade que a torna interessante a nível industrial. É, por conseguinte, muito utilizado nas indústrias do papel, têxtil e alimentar. No seu estado nativo, os grânulos de amido têm a propriedade de aumentar de tamanho e de inchar muito rapidamente a baixas temperaturas (Castro, M. et al., 2017.p. 43). O amido de mandioca cria uma atmosfera modificada no interior do fruto, reduzindo a taxa de transpiração e retardando o processo de senescência, cria também uma barreira que limita a entrada e saída de gases como O2 e CO2, o que atrasa a deterioração do fruto por desidratação, ajudando a manter a integridade estrutural do alimento e a reter compostos voláteis (Simbaña, K., 2019. p. 4). Ao criar uma barreira, a presença de substâncias voláteis como o etileno é reduzida, quando seco é capaz de formar filmes com caraterísticas de resistência e transparência semelhantes às da celulose, o que o torna uma opção para a conservação de frutas e legumes, além disso, se necessário, é facilmente removido e devido à sua não toxicidade pode ser ingerido sem afetar o sabor, o aroma ou a aparência dos alimentos (Trujillo.C.,2014. p.20).

O amido de mandioca é a segunda fonte de amido no mundo depois do milho, mas à frente da batata e do trigo; é utilizado principalmente não modificado, mas também é modificado com diferentes tratamentos para melhorar as suas propriedades de consistência, viscosidade, estabilidade às mudanças de pH e temperatura, gelificação, dispersão e, portanto, para ser utilizado em diferentes aplicações industriais que requerem certas propriedades particulares. O rendimento estimado da extração de amido de mandioca é de aproximadamente 57%, o que indica que é eficaz (Zapata, D., 2019.p.16).

1.4.2. *Vantagens e desvantagens dos revestimentos comestíveis à base de amido*

Os polissacarídeos são os hidrocolóides mais utilizados na indústria alimentar, uma vez que fazem parte da maioria das formulações que existem atualmente no mercado, formam redes moleculares coesas por uma elevada interação entre as suas moléculas, o que lhes confere boas propriedades mecânicas e de barreira aos gases (O2 e CO2), pelo que retardam a respiração e o envelhecimento de muitas frutas e legumes (Fernández, D., 2015. p. 54). Os amidos oferecem uma base de baixo custo muito atractiva para novos polímeros biodegradáveis devido ao seu baixo custo material e à sua capacidade de serem processados com equipamento convencional de processamento de plásticos. Os produtos comercializados à base de amido, que não só são totalmente biodegradáveis, como também podem ser utilizados para a alimentação animal ou mesmo comestíveis, estão a ser cada vez mais considerados como possíveis alternativas para resolver problemas como a escassez de petróleo e o crescente interesse em aliviar a carga ambiental devido à utilização extensiva de polímeros derivados da petroquímica (Tianyu J., et al.2019. p.8).

De entre as fontes renováveis com capacidade de formação de películas, o amido satisfaz todos os aspectos principais, tais como a fácil disponibilidade, o elevado rendimento de extração, a biodegradabilidade e a biocompatibilidade, tornando-o um produto promissor para revestimentos/filmes comestíveis que se apresentam inodoros, insípidos, incolores, não tóxicos, biologicamente absorvíveis, semi-permeáveis ao dióxido de carbono, à humidade, ao oxigénio, aos lípidos e aos componentes de sabor. As propriedades da película de amido são semelhantes ao efeito promovido pelo armazenamento em atmosfera controlada ou modificada e podem ser atribuídas à sua composição química. Os grânulos de amido são compostos por uma mistura de dois polímeros: amilose e amilopectina (Shah, U. et al., 2015. pp.1-2).

Embora o amido pareça ser um substituto ideal para os plásticos derivados do petróleo, principalmente devido à sua abundância, capacidade de renovação, biodegradabilidade e baixo custo, existem várias desvantagens que tornam a sua aplicação inviável. O fraco comportamento mecânico e a elevada permeabilidade ao vapor de água (WVP) são os principais inconvenientes dos materiais à base de amido, e são uma consequência da estrutura do amido.

Por outro lado, devido à sua estrutura molecular, tem uma temperatura de transição vítrea (Tg) relativamente elevada e um comportamento frágil à temperatura ambiente. Esta fragilidade aumenta com o tempo devido à retrogradação. Além disso, foi demonstrado que os plastificantes, como o glicerol, influenciam a cinética de cristalização do amido e, por conseguinte, as propriedades mecânicas finais do TPS. No entanto, até à data, este polímero biodegradável não pode ser utilizado em aplicações alargadas devido a algumas limitações. Em comparação com os termoplásticos comuns, os produtos biodegradáveis à base de amido revelam infelizmente desvantagens que são principalmente atribuídas ao carácter altamente hidrofílico do amido (Ribba L., et al.2017. pp.37-38).

1.4.3. *Preparação de revestimentos à base de amido.*

Revestimentos feitos a partir de fécula de mandioca têm sido aplicados em frutas como: tomate chonto (Astudillo, J.; & Botina, K., 2017. p. 31) manga (Estrada, E. et al., 2015.p.182), maçã (Pauta, D., 2018. pp. 6-7), pera (Castro et al, 2017.p.44) goiaba. (Amaiz, S. et al., 2018. p. 141) e elaborados da seguinte forma: é feita a diluição do amido em água destilada, a mistura é levada a 82°C-95°C sob agitação constante até atingir a gelificação ou coagulação térmica (mecanismo de elaboração da matriz hidrocolóide do revestimento), após o período de arrefecimento são adicionados os aditivos como glicerol e óleos, a agitação é homogeneizada continuamente por mais 5 minutos, tempo em que se consegue uma mistura homogénea e estável. Esta metodologia pode variar se forem utilizados outros amidos, por exemplo, a fécula de batata chinesa aplicada em morangos (Oñate, L., 2018.p.14) foi efectuada da seguinte forma: é feita a diluição da fécula e a mistura é levada a 90°C durante 5 minutos a 200 rpm, depois a temperatura é baixada para 70°C para adicionar aditivos como o sorbitol e homogeneizada durante mais 5 minutos. O processo dependerá da metodologia escolhida pelo investigador.

Além disso, (Fernández, M. et al., 2017.p.138), no seu trabalho de investigação sobre o estado atual da utilização de revestimentos comestíveis em frutas e legumes, refere que: existem revestimentos com misturas de vários componentes como é o caso do amido de milho com quitosano e óleo essencial de girassol para revestimentos de citrinos em que a preparação de soluções formadoras de filme é feita em etapas onde primeiro é feita uma solução de amido com glicerol, depois uma solução de quitosano com ácido acético, depois uma solução mista das formulações anteriores de amido gelatinizado com adição de glicerol e quito-sano a 12.500 rpm durante 3 minutos, e finalmente uma solução mista com incorporação de uma fase lipídica por adição de óleo de girassol e Tween 80, a dispersão foi efectuada a 12.500 rpm.

1.4.4. *Métodos de aplicação do revestimento:*

De acordo com (Valencia, S.; & Torres, J., 2016.p. 165) existem alguns aspetos que devem ser tidos em conta antes de serem aplicados: "devem ser distribuídos uniformemente, secar rapidamente e ser fáceis de remover e limpar o equipamento utilizado para a sua formulação, não devem fermentar, coagular, gerar odores indesejáveis ou separar-se em fases".

(Ruiz, D., 2015.p.45), refere que os revestimentos comestíveis podem ser aplicados de formas como: imersão e pulverização.

Refere que o método de pulverização "é efectuado em géneros alimentícios lisos, que devem ser previamente lavados e secos. Este método baseia-se na aplicação da solução sob pressão, o que permite obter revestimentos mais finos e uniformes".

Enquanto (Fernández, M. et al., 2017.p. 138) afirma que: "um dos métodos mais utilizados é a imersão porque resulta num revestimento uniforme em alimentos com formas irregulares, para isso a fruta deve ser previamente lavada e seca, depois imersa na formulação de revestimento, deixa-se escorrer o excesso de material e depois seca-se".

1.4.5. *Procedimento para a aplicação de revestimentos à base de amido em frutos.*

A aplicação de um revestimento comestível em manga à base de amido de mandioca (Estrada, E.et al., 2015.p.182) foi realizada pelo método de imersão, imergindo os frutos na solução obtida por um período de 2 minutos, após a aplicação foram deixados a secar durante 120 minutos, em condições ambientais de laboratório. Para o morango (Oñate, L., 2018.p.14), utilizando o revestimento de fécula de batata chinesa, realizou-se a imersão do morango no revestimento por 5 ou 10 min. Em seguida, o morango foi colocado em um secador por 45 min. Da mesma forma (Pinzón, O.; & García, M., 2018.p.3), usando amido de banana no morango aplicou o método de imersão, por 3 min, para depois ser seco em um forno de convecção de ar quente por 20-30 min. (Amaiz, S. et al., 2018. p. 141), utilizando fécula de mandioca em goiaba submeteram os frutos à imersão em seus respectivos revestimentos comestíveis, por 5 min nas formulações.

A revisão da literatura mostra que os revestimentos de amido foram aplicados maioritariamente pelo método de imersão.

1.4.6. *Efeito positivo da utilização de aditivos na RC do amido*

O amido apresenta inúmeros benefícios para ser utilizado como base de revestimentos, no entanto, (Pauta, D., 2018. pp. 4) refere que este polissacarídeo apresenta algumas limitações como revestimento em alimentos, pelo que a melhoria das suas caraterísticas é um fator importante. Para melhorar as propriedades mecânicas do amido é comum submetê-lo a modificações, tanto físicas como químicas, entre as melhorias que devem ser consideradas, está a utilização de aditivos específicos nas quantidades adequadas, com o objetivo de melhorar as suas propriedades. Por exemplo, se se adicionar quitosano ao biopolímero obtido a partir do amido, aumentar-se-iam as suas propriedades mecânicas e de barreira, bem como se evitaria a geração de fungos e bactérias na superfície do material, devido às suas propriedades antifúngicas e antimicrobianas, prolongando assim a vida útil dos alimentos (Alarcón, H.; & Arroyo, E., 2016.pp. 316-317). A seguir, uma breve menção de algumas pesquisas que utilizaram aditivos e seus efeitos.

(Basiak, E. et al., 2016. p.1) realizaram um estudo no qual adicionaram óleo de colza a películas biodegradáveis à base de amido, resultando em películas compostas que eram mais opalescentes e brilhantes do que as películas de amido sem gordura. Além disso, a adição do óleo reduziu significativamente o vapor de água e a permeabilidade. (Basiak, E. et al., 2018. p.1) indicou que o teor de água e glicerol influencia significativamente as propriedades físicas e funcionais dos revestimentos e películas à base de amido. Além disso, concluíram que o teor de glicerol pode afetar fortemente as propriedades funcionais dos revestimentos, no entanto, não desempenha um papel significativo na cor ou nas propriedades mecânicas. Assim (Song, X. et al., 2018.p.1) Avaliaram o efeito do óleo essencial e do surfactante nas propriedades físicas e antimicrobianas de filmes de amido de milho e trigo, os autores relataram que a incorporação de óleo essencial de limão causou uma diminuição no teor de água, transparência, índice de brancura (WI), permeabilidade ao vapor de água (WVP), solubilidade e propriedades de resistência à tração. As películas LO, especialmente em concentrações mais elevadas, foram mais eficazes contra todas as bactérias testadas do que as películas de controlo.

1.4.7. *Estudos recentes destacam os benefícios da utilização de amido na RC*

(Pinzón, O.; & García, M., 2018.p.5), avaliaram um revestimento comestível de 4% de amido de banana goiaba na qualidade dos morangos armazenados em condições refrigeradas, apresentando caraterísticas físico-químicas favoráveis (textura e perda de peso) e prolongando a vida útil da fruta em mais 5 dias em comparação com a amostra de controlo. Por outro lado (Astudillo, J.; & Botina, K., 2017. p. 60), fez um revestimento comestível de amido de milho e mandioca (3% e 4%) e avaliou o seu efeito no amadurecimento do tomate cereja, o melhor resultado foi o revestimento à base de amido de mandioca 4%, que teve uma vida útil superior de 15 dias em comparação com o tratamento de controlo, melhorando as propriedades físicas do vegetal, um atraso na perda de peso, perda de firmeza, teve menos atividade respiratória devido ao seu baixo consumo de O2 e baixa libertação de CO2.

(Rocha, A. et al., 2017.p. 5), estudaram a capacidade de 2 revestimentos à base de fécula de mandioca e pectina para prolongar a vida útil de goiabas "Paluma". Os frutos revestidos com pectina apresentaram menor perda de peso em comparação com os revestidos com fécula de mandioca. No entanto, o revestimento com fécula de mandioca manteve os frutos mais brilhantes em comparação com os frutos revestidos com pectina. Num produto de abóbora refrigerado, pronto a consumir e enriquecido com ácido ascórbico, foram aplicados revestimentos comestíveis para melhorar a sua estabilidade (Genevois, C., et al. 2015. p.1). Os revestimentos comestíveis utilizados foram preparados com k-carragenina ou amido de tapioca, com adição de glicerol, sorbato de potássio e ferro. Os resultados destes estudos mostraram que os revestimentos à base de amido reduziram significativamente a degradação do ácido ascórbico no produto revestido, enquanto a amostra de controlo que continha ferro e ácido ascórbico apresentou acastanhamento. Os autores referiram que o produto obtido apresentava boas caraterísticas de cor e textura e era microbiologicamente seguro.

CAPÍTULO II

2. METODOLOGIA

2.1. Métodos de sistematização da informação

Trata-se de um estudo teórico descritivo. O percurso metodológico seguido compreendeu basicamente quatro etapas: pesquisa, organização, sistematização e análise de documentos electrónicos, sem restrição linguística, relacionados com o tema dos revestimentos comestíveis à base de amido, dos quais 90% da informação pertence aos últimos 5 anos e 10% corresponde a anos anteriores.

Para atingir os objectivos propostos, a investigação centrou-se numa revisão selectiva da literatura e numa análise crítica aprofundada dos dados obtidos relacionados com os parâmetros do estudo. Para a localização dos documentos, foram utilizadas diversas fontes documentais na internet com o auxílio do motor de busca "google acadêmico", utilizando as bases de dados de periódicos como: Revista Ciências Técnicas Agropecuarias, Innovative Food Science and Emerging, Cogent Food & Agriculture, Scielo, Dianelt, International Journal of Biological Macromolecules, Revista Iberoamericana de Tecnología Postcosecha, entre outros. Grande parte da informação qualitativa e quantitativa que compõe a investigação que se segue provém de livros, revistas, relatórios técnicos, normas, teses, todos os documentos electrónicos, tendo a pesquisa sido completada com a leitura e rastreio da bibliografia referenciada nos documentos selecionados, de forma a proporcionar uma boa base e uma visão geral do tema, que foram priorizados de acordo com a hierarquia da evidência científica.

Como critérios de pesquisa, foram incluídos os seguintes descritores: "amido", "revestimentos comestíveis", "revestimentos comestíveis", "amido", "efeito dos revestimentos". Estas palavras-chave foram combinadas de várias formas no momento da pesquisa, a fim de alargar os critérios de pesquisa. Os registos obtidos variaram entre 30 e 40 registos após a combinação das diferentes palavras-chave.

A informação com que trabalhámos provém de várias fontes, tanto primárias como secundárias. Na pesquisa de documentos em cada uma das bases de dados, foram pré-selecionados vários artigos e documentos, dos quais foram escolhidos os documentos considerados mais relevantes, de acordo com os critérios de inclusão e exclusão. É de salientar que os documentos que não cumprem as informações adequadas não serão tidos em consideração para a análise.

2.1.1. *Critérios de seleção.*

Para a análise dos documentos, foram estabelecidos alguns critérios de seleção, que foram úteis para a recolha de informações que foram utilizadas durante o processo de investigação, pelo que foram propostos os seguintes parâmetros:

- Informação com um elevado nível de validade, ou seja, em formatos reconhecidos e mais valorizados "academicamente", tais como: livros, revistas, actas de conferências, relatórios técnicos, normas, teses e Internet.
- Conteúdo atualizado dos últimos 5 anos.
- Análise do título, resumo e resultados.
  Para saber se as informações que geram são úteis, pertinentes e aplicáveis ao nosso tema de estudo.
- Acessibilidade da informação.
- Informação de qualidade, ou seja, informação que permite uma boa compreensão do texto.
- Documentos que estão relacionados com os objectivos declarados, que geram utilidade, disponibilidade e interesse informativo.
- Material que apoia o conteúdo das diferentes partes da investigação.

No presente documento, serão utilizados quadros, imagens e gráficos para sistematizar a informação.

CAPÍTULO III

3. RESULTADOS DA INVESTIGAÇÃO E DISCUSSÃO.

3.1. Utilização de amido em revestimentos

A potencial utilização do amido como material de revestimento comestível tem sido amplamente reconhecida pela sua boa resistência mecânica, baixa permeabilidade à água e porque actua como uma barreira contra gases, gerando filmes isotrópicos, inodoros, insípidos, incolores, não tóxicos e biologicamente degradáveis, melhorando também o brilho e a opacidade, diminuindo o encolhimento e aumentando a estabilidade do ciclo de congelação/descongelação (Solis, D. et al.,2015. p. 36).

(Sánchez, I., et al.2016. p. 1) refere que o resultado obtido com os diferentes revestimentos de amido não dependerá apenas do tipo de fruta ou vegetal em que é aplicado, mas também da composição do revestimento.

O quadro seguinte apresenta uma descrição do teor de amilose dos amidos habitualmente utilizados na produção de revestimentos e películas comestíveis.

Tabela 5-3: Teor de amilose dos amidos mais comuns.

Variáveis	Alvis. et al., (2008).	FAO (1997)	Ibarra et alt. (2010) (Valor médio)	Cevallos, J., (2007) (Valor médio)	Hernández, M, et al.,(2008)	Média
Mandioca	14 %	-	28 %	17 %	17%	19%
Papa	24 %	23 %	23 %	21 %	21%	22.4%
Trigo	-	26 %	74 %	23 %	-	41%
Milho	-	28 %	28 %	30 %	28,3%	28.57%

Realizado por: Os autores, 2020.

Como se pode ver no quadro 5, o teor de amilose do amido de mandioca é inferior ao de outros amidos; em alguns estudos, foi referido que o teor de amilose dos amidos de mandioca nativos variava entre 14 e 19 %. Por conseguinte, as diferenças encontradas no teor de amilose dependem em grande medida da fonte de onde os amidos são obtidos.

O teor de amilose e o comprimento e a localização das ramificações na amilopectina são os principais determinantes das propriedades funcionais do amido, tais como a absorção de água, a gelatinização e a aderência, a retrogradação e a suscetibilidade ao ataque enzimático (Ribba, L. et al., 2017. p.38). A origem do amido influencia as propriedades ópticas e a espessura: com mais amilose, as películas são opalescentes e mais espessas; com menos, são transparentes e mais finas.

A seguir é mostrada a influência do teor de amilopectina em revestimentos comestíveis, com base nos amidos representados na tabela e seu efeito no mamão; (Achipiz, S., et al.2013. p. 98), avaliou um revestimento com 4% de fécula de batata em goiaba, onde evidenciou uma aceleração no amadurecimento e perda na qualidade, da amostra controle, observando o efeito na goiaba.. p. 98), avaliou um revestimento com 4% de fécula de batata em goiaba, onde evidenciou a aceleração no amadurecimento e a perda de qualidade da amostra controle, observando que a fruta revestida foi a mais eficiente, aumentando em 10 dias a vida de prateleira e evitando a perda de peso; (Baldez, R.2016.p.59), utilizando amido de milho (3%), apresentou perda de qualidade na fruta sem revestimento a partir do terceiro dia enquanto a fruta com revestimento à base de milho se manteve durante os 15 dias em relação ao tratamento sem revestimento. (Amaiz, S. et al., 2018. p. 137) relatou uma textura ótima durante os 24 dias de armazenamento nos frutos revestidos com fécula de mandioca (7%) enquanto nos frutos não revestidos a textura foi ótima até o 12º dia, este parâmetro é importante porque apresenta a perda de turgescência devido ao efeito da senescência dos frutos.

De acordo com os resultados relatados, o revestimento de milho exibiu uma melhor capacidade de barreira e prolongou a vida útil do mamão por um período mais longo, além de ter a maior quantidade de amilose depois do trigo. Isso é justificado de acordo com o que é mencionado por (Zapador, A.; & Chiralt, A., 2018.p. 7) que, em sua pesquisa, afirma que a relação amilose-amilopectina afeta a funcionalidade em revestimentos de amido, devido à estrutura diferente dos filmes, amidos ricos em amilose, exibem melhores domínios embalados, retêm melhor perda de peso e firmeza por períodos mais longos do que revestimentos de amido de amilose média.

É de salientar que cada tipo de revestimento tem propriedades próprias definidas em função da sua composição, razão pela qual, de acordo com vários estudos, após verificação da eficácia que geram, os amidos são considerados excelentes fontes para revestimentos, destacando-se o amido de mandioca.

(Andrade, J. et al.2014. p. 2), ressalta que a fécula de mandioca tem sido bem recebida porque tem boa aparência, não é pegajosa, é um recurso de alta disponibilidade em várias partes do mundo, é brilhante e transparente, melhora o aspeto visual da fruta e pode ser removida com água, o que representa uma alternativa potencial para ser utilizada na conservação de frutas e hortaliças.

3.2. Vantagens dos revestimentos à base de amido

Entre os benefícios proporcionados pelos revestimentos comestíveis, eis os mais importantes e mais estudados nos RE à base de amido.

3.2.1. *Diminuição da perda de peso*

A utilização de revestimentos comestíveis (RC) tornou-se um método alternativo eficaz e amigo do ambiente para prolongar o prazo de validade e protegê-los dos efeitos ambientais nocivos, criando barreiras semipermeáveis aos gases e ao vapor de água, reduzindo a respiração e a perda de peso e mantendo a firmeza do produto fresco, ao mesmo tempo que confere brilho ao revestimento. Melhorar a estabilidade, a qualidade e a segurança dos alimentos, promovendo assim a funcionalidade dos revestimentos de desempenho para além das suas propriedades de barreira (Zapador, A.; & Chiralt, A., 2018.p.2).

Tabela 6-3: Influência da RC do amido na perda de peso dos frutos.

Matriz	Aditivos	Fruta	Perda de peso (%)		Diferença na perda de peso	Referência
			Frutos SR	Frutos CR		
Amido de mandioca (4%)	Ácido cítrico Glicerina Óleo essencial de canela	Tomate 22 dias	14.81%	8%	6.81	Barco, P et al. (2011)
Amido de banana 4%	Glicerol Quitosano	Morango 8 dias	24%	17%	7%	Pinzón, O.; & García, M., (2018).
Papa China (2%)	Sorbitol Sorbato de potássio Ácido cítrico	Morango 16 dias	18,46%	12,67%	5.79%	Oñate, L (2018).
Amido de mandioca modificado	Plastificantes sorbitol	Morango 8 dias	53.44%	32.96%	20.48%	Franco, M., et al. (2016).
Mandioca 4%	Cera de abelha glicerina e carboximetilcelulose	Chontaduro 8 dias	22%	11%	11%	Tosne, L. (2014)

Realizado por: Os autores, 2020.

A Tabela 5 mostra a perda de peso dos diferentes frutos, com uma perda maior nas amostras de controlo, em oposição aos frutos tratados, que mantiveram o seu peso durante mais dias.

De todos os frutos tratados, distingue-se que o revestimento que melhor actuou como barreira evitando a perda de peso foi o amido de mandioca modificado aplicado nos morangos com uma diferença na perda de peso de 20,48% dos frutos com revestimentos em relação à amostra de controlo, isto porque para a preparação deste revestimento foi aplicado amido modificado, o que melhorou consideravelmente as caraterísticas físicas do revestimento, evitando a perda de humidade. Assim, outros investigadores salientam a importância da utilização deste tipo de amido em revestimentos (García, M.et al.,2018. p.35), referindo que o amido modificado tem sido utilizado para estabilizar as propriedades funcionais, apresentando uma superfície homogénea e uma diminuição da permeabilidade ao vapor de água, em comparação com o controlo.

(García,A.et al, 2017.p.6), indica que a perda de peso na fruta é devido à possível troca de gases durante o processo de respiração e transpiração que diminuem o teor de água que, em geral, em frutas. Assim, (Rocha, A. et al., 2017.p.3), refere que frutos revestidos com filmes à base de polissacarídeos tendem a retardar a perda de massa porque o gel aplicado sobre o fruto perde humidade antes do alimento revestido secar.
Isso está de acordo com relatos de outros pesquisadores, que constataram que a aplicação de revestimentos comestíveis em frutas e hortaliças inibe a perda de peso, prevenindo mudanças de textura e encolhimento da superfície, evitando assim afetar negativamente a vida de prateleira de frutas e hortaliças climatéricas. Isso comprova a eficiência dos revestimentos e evidencia o potencial de uso do amido na elaboração de revestimentos comestíveis.

3.2.2. *Prolongamento da vida útil.*

De acordo com (León, E. 2015.p.27), o prazo de validade é o tempo durante o qual o alimento conserva todas as suas qualidades. O fim do prazo de validade de um alimento depende não só da manutenção de níveis mínimos de contaminação, mas também da preservação das suas qualidades físico-químicas (homogeneidade, estabilidade, estrutura) e organolépticas (textura, sabor, aroma).

Tabela 73: Revestimentos de amido e sua influência no tempo de conservação dos frutos.

Matriz	Aditivos	Fruta	Prazo de validade (dias)		Aumento da vida útil (dias)	Referência
			Frutos SR	Frutos CR		
Amido de mandioca 5%	Glicerol Agentes anti-pudins Ácido ascórbico Outros	Tanchagem	20	32	12	Márquez, C., et al (2015)

Mandioca 4%	Cera de abelha Glicerina outros	Chontaduro	12	16	4	Tosne, L. (2014)
Mandioca	cera Laurel, Azeite, glicerol outros	Tomate arbóreo	12	17	5	Andrade, J. et al. (2014)
Mandioca 7%	Glicerina	Goiaba	12	24	12	Amaiz, S. et al., (2018).
Mandioca 2.5%	Glicerol Quitosano ácido acético glacial	Goiaba	4	14	10	Ferreira, N , et al (2018)

Realizado por: Os autores, 2020.

Como se pode ver na tabela 6, o revestimento comestível à base de fécula de mandioca proporcionou uma vida útil mais longa aos frutos revestidos, como é o caso da banana e da goiaba, que prolongaram a vida útil por mais 12 dias do que a amostra de controlo, os seus atributos como a cor, o aroma e a perda de peso foram mantidos durante os 24 dias.

Este parâmetro é fortemente influenciado pela quantidade de amido utilizada na preparação dos revestimentos. Nos dois frutos, foi aplicada uma maior concentração deste biopolímero em comparação com as outras formulações, pelo que uma maior quantidade de amido cria revestimentos mais espessos que ajudam a manter a firmeza e evitam que o teor de humidade seja facilmente perdido, reduzindo assim o metabolismo energético, favorecendo a manutenção da firmeza por um período de tempo mais longo, retardando o progresso do amadurecimento dos frutos e mantendo as caraterísticas sensoriais durante mais dias.

Este facto pode ser explicado remetendo para o conceito (Cusme, K.; & Gómez, A.2016.p.25), que, no seu estudo, refere que, ao aumentar a concentração de amido, a adesão e flexibilidade do revestimento na superfície do fruto é melhorada. No entanto, concentrações de amido de 2% resultaram em frutos aparentemente desidratados e opacos, para além de serem revestimentos quebradiços e fibrosos. Por sua vez (Ferreira, N., et al. 2018.p. 282) indica que à medida que se aumentou a concentração de fécula de mandioca na suspensão, os valores apresentaram uma menor perda, devido à redução da perda de água do fruto, causada pelo aumento da espessura do revestimento.

Em comparação com outros revestimentos, o revestimento de amido tem melhores caraterísticas e prolonga o tempo de armazenamento da fruta por mais dias. (Jimenes, A.2016. p.15.) estudou um revestimento à base de aloe vera em goiaba, e relatou um aumento de 8 dias a mais para a vida útil, em comparação com a amostra. Enquanto (Amaiz, S. et al., 2018) aplicou um revestimento de amido de mandioca a 7% na mesma fruta, sendo o mais eficaz, pois aumentou a vida útil 12 dias a mais em comparação com a amostra de controle.

Desta forma, pode dizer-se que os revestimentos de amido são uma alternativa conveniente que permite manter os atributos físicos, químicos e sensoriais dos produtos agrícolas, prolongando a sua vida útil e reduzindo as perdas pós-colheita. Relativamente ao acima mencionado (Toalombo, F.2014.p. 102), onde indica que os revestimentos reduzem o teor de oxigénio, retardando a respiração e permitindo a ocorrência de anaerobiose e aumentando o dióxido de carbono, o que pode inibir eficazmente o crescimento microbiano e pode prolongar a vida útil.

3.2.3. *Conservação da cor no processo de maturação dos frutos.*

De acordo com a literatura, os revestimentos de amido formam uma barreira que diminui a taxa de respiração, retardando as mudanças metabólicas, retardando a desintegração da clorofila e diminuindo a concentração de carotenos que dão a cor amarela à fruta, neste caso, juntamente há evidências de um atraso na produção de etileno que acelera esses processos bioquímicos, que estimulam os genes responsáveis pela síntese de certas enzimas que degradam os pigmentos que causam a mudança de cor na fruta (Simbaña, K.,2019.p. 34).

Uma das principais caraterísticas para indicar o processo de amadurecimento dos frutos na fase pós-colheita é a cor da casca. A perda da cor verde da casca se deve a uma quebra na estrutura molecular da clorofila, envolvendo a enzima clorofilase (Ferreira, N., et al. 2018.p.283).

Mesa 83: Influência dos CR à base de amido na coloração dos frutos.

Matriz	Aditivos	Fruta	Temperatura do alm.	Colorir		Referência
				Frutos SR	Frutos CR	
Mandioca 6%	-	Goiaba "Paluma" Goiaba	3°C	Amarelo	Verde Escuro	Rocha, A. et al., 2017
Mandioca 2.5%	Glicerol Quitosano Ácido acético glacial	Goiaba	22 ± 2 ° C	Amarelo	Verde	Ferreira, N., et al (2018)

Mandioca 4%	Glicerina Óleo essencial de tomilho	Pimenta	25 ° C	Verde avermelhado	Verde	Bolaños, D.,(2014)
Banana e amido de banana Abacate	Vinagre Glicerina Ac. Asc. Ácido cítrico Sorbato de potássio	Papaia	7 °C	Verde Claro que sim	Verde escuro	Chapuel, A.; & Reyes, X,. (2019)
Mandioca 15%	Glicerol	Tomate-rabo	18°C	Vermelho	Pintón (cor-de-rosa)	Pilataxi J., (2017)

Realizado por: Os autores, 2020.

O quadro 6 mostra que os revestimentos comestíveis têm um efeito significativo no fruto, impedindo que a casca mude de cor, ao contrário dos frutos não revestidos, que apresentam mudanças de cor.

Diversos estudos relatam efeitos positivos desses revestimentos. (Rocha, A. et al., 2017.p. 5), observaram que goiabas revestidas com fécula de mandioca nas concentrações de (4 e 6%) mantiveram a cor da casca mais verde que o controle (0%) promovendo o retardamento do amarelecimento da casca em relação ao controle. (Ferreira, N., et al. 2018.p.283) relataram um resultado semelhante, dos revestimentos de amido de mandioca, que mantiveram a goiaba verde durante os 12 dias de armazenamento, enquanto a cor da pele do grupo de controlo mudou de verde para amarelo em apenas 4 d. (Bolaños, D.2014.p.798), indica que a diminuição da cor verde nos pimentões foi notória, partindo de uma porcentagem de cor verde entre 56,1 e 57,55 e terminando entre 11,17% e 11,56% no dia 17. (Chapuel, A.; & Reyes, X. 2019.p.118) usando amidos de sementes de abacate e banana para mamão formalizou que os frutos em refrigeração variaram sua cor escura para uma cor verde mais clara após 18 dias. (Pilataxi J., 2017. p. 44) elaborou uma cobertura com 15% de fécula de mandioca aos 22 dias, evidenciou menor alteração quanto a sua coloração, mantendo-os em estado de maturação 4 (pinhão médio) a 3°C, apresentando uma boa maturação comercial para tomates, estando dentro dos parâmetros de qualidade estabelecidos pela (NTE INEN 2832. 2013. p.6). Enquanto os frutos controle apresentaram alterações mais acentuadas na coloração, atingindo o grau máximo de maturação em temperatura ambiente 18°C.

A partir dos resultados evidenciados em diferentes estudos, pode-se deduzir que os revestimentos comestíveis de amido são uma alternativa para evitar a perda pós-colheita de frutos, pois actuam como uma boa barreira protetora que evita a perda de água, substâncias voláteis, retarda a perda das suas caraterísticas sensoriais, e prolonga a vida útil dos frutos por mais tempo. Assim, o amido é considerado como um bom material para fazer revestimentos comestíveis, estando dentro da definição estabelecida pela norma (INEN 751:96. 2012. p. 3) onde menciona que um revestimento é aquele que protege a superfície da fruta com substâncias como óleos, ceras vegetais e outros produtos, a fim de reduzir a murchidão, enrugamento e melhorar a aparência.

CONCLUSÕES

De acordo com a revisão de várias pesquisas bibliográficas centradas no estudo de revestimentos comestíveis, podem ser tiradas as seguintes conclusões:

O amido tem um elevado potencial de utilização na elaboração de revestimentos comestíveis, de acordo com o extenso número de estudos encontrados, que destacam a eficácia deste polissacárido, bem como salientam a sua disponibilidade e biocompatibilidade como matéria-prima, o que leva a considerá-lo uma excelente alternativa para a proteção e conservação de frutos e vegetais.

Os revestimentos comestíveis à base de amido têm-se revelado cada vez mais populares nos últimos anos, devido aos múltiplos benefícios que geram. A sua utilização constitui uma alternativa futura para a conservação de frutas e legumes, uma vez que evitam a perda de água, ajudam a preservar o conteúdo nutricional, mantêm a firmeza e retardam o amadurecimento, têm propriedades de barreira que impedem o fluxo de gases, resultando num menor grau de deterioração dos frutos, prolongando o prazo de validade, proporcionando valor acrescentado e melhorando a qualidade do produto durante um período de tempo prolongado.

Diversos estudos utilizam o amido como base para elaboração de revestimentos comestíveis, extraídos de diferentes fontes como; milho, batata, verdura, e mandioca, o amido de milho de acordo com sua composição química é o mais indicado, para criação de revestimentos, porém, é muito pouco utilizado pois seu cultivo é destinado a produção de alimentos, e muito pouco ao campo de pesquisa. Embora a fécula de mandioca seja a que mais se destaca para a criação desses produtos, vários autores relatam que a mandioca possui atributos que a fazem ter grande aceitação em relação às demais por ser um recurso de alta disponibilidade em várias partes do mundo, ter um alto rendimento como matéria-prima (produz um volume muito maior que o amido de milho), ter fácil adesividade sobre o produto, e também é conhecida por possuir propriedades que favorecem a formação de revestimentos, entre elas a capacidade de gelificação e a facilidade de moldagem.

RECOMENDAÇÕES

Os polissacarídeos, pela sua composição, oferecem propriedades moderadas de permeabilidade ao oxigénio e boas propriedades de barreira, no entanto, apresentam certas limitações na sua molhabilidade e propriedades mecânicas, pelo que se recomenda a procura de novas técnicas para melhorar as caraterísticas funcionais da mistura utilizada para fabricar a RC, a fim de aumentar a gama das suas aplicações no sector industrial e desenvolver um produto comercialmente viável.

Recomenda-se a realização de investigação que incida sobre outros cereais e tubérculos, para além da mandioca, como possíveis fontes de amido para a obtenção de CR, a fim de explorar a sua utilização e valorizar as propriedades de espécies esquecidas, como a batata-doce, a frutipa e outras.

Os revestimentos comestíveis utilizam determinados antioxidantes, agentes antibacterianos e ingredientes funcionais para manter as caraterísticas sensoriais e nutricionais dos frutos, pelo que é importante investigar os possíveis efeitos positivos que podem ter na saúde do consumidor a longo prazo.

BIBLIOGRAFIA

ACHIPIZ, SANDRA. et al. Efeito do revestimento à base de amido no amadurecimento da goiaba (psidium guajava). Bíotecnología en el Setor Agropecuario y Agroindustrial [On line]. 2013, (Colômbia). p. 98. Disponível em: http://www.scielo.org.co/pdf/bsaa/v11nspe/v11nespa11.pdf

ACUÑA, Luis, et al. Manual de poscosecha de frutas.INTA.ediciones [online], (2019), (Argentina), p. 1. [Acedido em: 07 de maio de 2020]. ISBN 978-987-8333-12-0 (digital). Recuperado de: https://www.researchgate.net/publication/336899829_Manual_de_poscosecha_de_frutas

ALARCÓN, H & ARROYO, E. Avaliação das propriedades químicas e mecânicas de biopolímeros a partir de amido de batata modificado. Rev Soc Quím [Online], (2016), (Peru), 82(3), pp. 316-317. [Acessado em: 07 de maio de 2020]. Recuperado de: http://www.scielo.org.pe/pdf/rsqp/v82n3/a07v82n3.pdf

AMIDOS DE SUCRE. Amido de mandioca**.** [Em linha]. Colombia. 2015. p. 2. [Acedido em: 29 de julho de 2020]. Disponível em: http://www.almidonesdesucre.com.co/es/productos.html?limitstart=0

ALVIS Armando, et al. Análise Físico-Química e Morfológica de Amidos de Inhame, Mandioca e Batata e Determinação da Viscosidade de Pastas. Información Tecnólogica [Online], 2008, (Colômbia), 19 (1), p. 4. [Acedido em: 12 de agosto de 2020]. Disponível em: https://scielo.conicyt.cl/pdf/infotec/v19n1/art04.pdf

AMAIZ, S, et al. Efeito do revestimento comestível à base de amido de mandioca nos parâmetros químicos e sensoriais das cascas de goiaba. Cumbres [Online], (2019), (Venezuela), 5(1), pp.137-140-141. [Acedido em: 30 de julho de 2020]. ISSN: 1665-0204. Disponível em: http://investigacion.utmachala.edu.ec/revistas/index.php/Cumbres/article/view/363

ANCOS, B, et al. Utilização de películas/revestimentos comestíveis em produtos de conveniência frescos e pré-preparados. Revista Iberoamericana de Tecnología Postcosecha [Online], (2019), (México): 16 (1), p. 10 [Acedido em: 30 de julho de 2020]. ISSN: 1390-9541. Disponível em: https://www.redalyc.org/pdf/813/81339864002.pdf

ANDRADE, Johana, et al. Desenvolvimento de um revestimento compósito comestível para a conservação do tomateiro (Cyphomandra betacea S.). La Serena [Em linha]. 2014, (Colômbia), 25 (6). p. 1-2. ISSN 0718-0764. Disponível em: https://scielo.conicyt.cl/scielo.php?script=sci_arttext&pid=S0718-07642014000600008

ASTUDILLO GÓMEZ, Jhon; & **BOTINA MACÍAS,** Karol. Elaboração de um revestimento comestível à base de amido de milho e mandioca para tomate chonto (lycopersicom esculentum Mill) [Em linha] (Tese de licenciatura) (Engenharia) (Tese de licenciatura) Universidad del Cauca, Facultad de Ciencias Agrarias, Programa de Ingeniería Agroindustrial. Popayán-Colômbia. 2017. pp. 31-60-97. [Acedido em: 2020-01-08]. Disponible en: http://repositorio.unicauca.edu.co:8080/bitstream/handle/123456789/1722/ELABORACI%c3%93N%20DE%20UN%20RECUBRIMIENTO%20COMESTIBLE%20A%20BASE%20DE%20ALMID%c3%93N%20DE%20MA%c3%8dZ%20Y%20DE%20YUCA%20PARA%20TOMATE%20CHONTO%20%28Lycopersicom%20esculentum%20Mill%29.pdf?sequence=1&isAllowed=y

BALDEZ ALVES, Rafhaela. Revestimentos de amido, nanofibras de celulose e me-tabissulfito de sódio em goiabas (psidium guajaval.) Min-imamente processadas [On-line] (Tese de Graduação) (Engenharia). Universidade Federal de LAVRAS. LAVRAS. 2016. p.59. [Acedido em: 2020-08-19]. Disponível: http://repositorio.ufla.br/jspui/bitstream/1/12087/2/DISSERTA%C3%87%C3%83O_Revestimentos%20de%20amido%2C%20nanofibras%20de%20celulose%20e%20metabissulfito%20de%20%20s%C3%B3dio%20em%20goiabas%20%28Psidium%20guajava%20L.%29%20minimamente%20processadas.pdf

BARCO HERNANDEZ, Paola Liceth, et al. Efeito de um revestimento à base de amido de mandioca modificado no amadurecimento do tomate. Rev. Investigação Lassalista [Em linha].

2011, (Colômbia),8(2), p. 4. ISSN 1794-4449. Disponível em: http://www.scielo.org.co/pdf/rlsi/v8n2/v8n2a11.pdf

BASIAK, E. et al. Effect of Oil Lamination Between Plasticized Starch Layers on Film Properties. Jornal Internacional de Macromoléculas Biológicas. [Online], (2016), (EUA): 195 (1), p.1 [Acessado em: 25 de março de 2020]. DOI: oi.org/10.1016. Disponível em: https://www.sciencedirect.com/science/article/abs/pii/S0308814615006445

BASIAK, E. et al. Efeito do tipo de amido nas propriedades físico-químicas de filmes comestíveis. Jornal Internacional de Macromoléculas Biológicas 98 [Online], (2017), (EUA): 98 (4), p.1 [Acessado: 25 de abril de 2020]. DOI: 10.1016/j.ijbiomac.2017.01.122. Disponível em: https://doi.org/10.1016%2Fj.ijbiomac.2017.01.122

BASIAK, E. et al. Como os teores de glicerol e água afetam as propriedades estruturais e funcionais dos filmes comestíveis à base de amido. Polímeros (Basileia) [Online], (2018), (EUA): 10 (4), p.1 [Acessado: 25 de março de 2020]. DOI: 10.3390/polym10040412. Disponível em: https://www.ncbi.nlm.nih.gov/pmc/articles/PMC6415220/

BOLAÑOS Ordoñez, D. Efeito do revestimento de amido de mandioca modificado e óleo de tomilho aplicado ao pimento (Capsicum annuum). Revista Mexicana de Ciencias Agrícolas [Em linha]. 2014, (Colômbia),5 (5), p. 798. Disponível em : http://www.scielo.org.mx/pdf/remexca/v5n5/v5n5a6.pdf

CARRASCO HUANCA, L. & MOLOCHO VÁSQUEZ. Extração de amido. Universidad Nacional Autónomo de Chota, Carrera Profesional de Ingeniera Agroindustrial. [Online], (2015), (Chota-Equador), pp.3-4 [Acedido: 08 de agosto de 2020]. Disponível em: https://es.calameo.com/read/005193087c8fe3b2314cf

CASTILLO SANTOS, Cynthia Yvory. Caracterização reológica e físico-química de pastas e géis obtidos a partir da fécula de três variedades de batata autóctone (Solanumspp.) [Em linha] (Tese de licenciatura) (Engenharia) (Tese de licenciatura) Universidad Nacional del Altiplano, Facultad de Ciencias Agrarias, Escuela Profesional de Ingeniería Agroindustrial. Puno -Peru.

2017. p. 27. [Acedido em: 2020-07-13]. Disponível em: http://repositorio.unap.edu.pe/bitstream/handle/UNAP/10072/Castillo_Santos_Cynthia_Yvory.pdf?sequence=1&isAllowed=y

CASTRO GARCÍA Marlón et al. Revestimento comestível de quitosana, amido de mandioca e óleo essencial de canela para conservar pera (Pyrus communis L. cv. "Bosc"). La técnica [Online], (2019), (Equador), p.43-44. [Acedido em: 05 de agosto de 2020]. SSN: 1390-6895. Disponível em: https://revistas.utm.edu.ec/index.php/latecnica/article/view/970/910.

CEVALLOS CEDEÑO, José Antonio. La producción y exportación de la almidón de yuca de la provincia de Manabí y su demanda en el mercado de Colombia en el periodo 2002-2006 [On line] (Mestrado) (Tese de Graduação). Universidad Laica Eloy Alfaro de Manabí, Centro de Estudios de Posgrado, Investigación, Relaciones Y Cooperación Internacional, Cepirci. Manabí - Equador. 2007. p. 50-54-55 [Acedido em: 2020-07-29]. Disponível em: https://repositorio.uleam.edu.ec/bitstream/123456789/1264/1/ULEAM-POSG-FCI-0021.pdf

CHAPUEL TARAPUEZ, Andrea Yesenia & REYES SUÁREZ Jetzy Xiomara. Obtenção de um filme biodegradável a partir de amidos de sementes de abacate (persea americana mill) e banana (musa acuminata aaa) para revestimento de mamão. [Em linha] (Tese de licenciatura) (Engenharia). Universidade de Guayaquil, Faculdade de Engenharia Química, Carreira de Engenharia Química. Guayaquil- Equador. 2019. p. 97-118. [Acedido em: 2020-08-03]. Disponível em: http://repositorio.ug.edu.ec/bitstream/redug/39933/1/401-1355%20-%20Obtenc%20pelicula%20biodegradable%20partir%20almidones%20semilla%20de%20aguacate.pdf

COMISSÃO PARA A COOPERAÇÃO AMBIENTAL (CEC). Characterisation and Management of Food Loss and Waste in North America, Summary Report, Comissão para a Cooperação Ambiental, Montreal. Canadá. 2017. p. 9 [Acedido em: 14 de julho de 2020]. ISBN: 978-2-89700-228-2 Disponível em: http://www3.cec.org/islandora/es/item/11772-characterization-and-management-food-loss-and-waste-in-north-america-es.pdf

CONTRERAS ESTRADA, M, et al. Gelatinização e gelificação de amidos. [Investigação] [Online]. Universidad Nacional Del Callao, Peru: 2015. pp.4-5 [Acedido: 08 de agosto de 2020]. Disponível em:

https://www.academia.edu/17812160/04_GELATINIZACION_Y_GELIFICACION_DE_ALMIDONES

CUSME RIVASANA, Karina Elizabeth & GÓMEZ SALVADOR, Ana Sofía. Percentagens de amidos com adição de plastificantes naturais na preparação de um revestimento [On line] Relatório. Manabí - Equador. 2019. p. 25. [Acedido: 2020-08-18]. Disponível em: http://repositorio.espam.edu.ec/bitstream/42000/1062/1/TTMAI8.pdf

ESTRADA, E. et al. Effect of protective coatings on postharvest quality of mango (mangifera indical.). Rev. U.D.C.A. [Online], (2015), (Colômbia), 18 (1), p.182 [Acessado em: 25 de abril de 2020]. ISSN: 181-188. Recuperado de: http://www.scielo.org.co/pdf/rudca/v18n1/v18n1a21.pdf

FALCONÍ NOVILLO, José Francisco. Utilização de revestimentos comestíveis na conservação de *Fragaria x Ananassa* (FRESA) [Em linha] (Tese de Licenciatura) *(*Engenharia). Escuela Superior Politécnica de Chimborazo, Faculdade de Ciências, Engenharia da Indústria Pecuária. Riobamba- Equador. 2016. p. 45-46-48. [Acedido em: 2020-06-16]. Disponível em: http://dspace.espoch.edu.ec/bitstream/123456789/6109/1/27T0331.pdf

FERNÁNDEZ VALDÉS, Daybelis, et al. Filmes e revestimentos comestíveis: uma alternativa favorável na conservação pós-colheita de frutas e hortaliças. Revista Ciencias Técnicas Agropecuarias, [Online], 2015,(Cuba), 24 (3), pp. 53-54. [Acedido em: 28 de julho de 2020]. ISSN 1010-2760. Disponível em: https://www.researchgate.net/publication/317517584_Peliculas_y_recubrimientos_comestibles_una_alternativa_favorable_en_la_conservacion_poscosecha_de_frutas_y_hortalizas

FERNÁNDEZ, Marcela. et al. Situação atual da utilização de revestimentos comestíveis em frutas e legumes. Biotecnologia no sector agrícola. [Online], 2017, (Colômbia), 15 (2), pp. 136-138. [Acessado: 28 de julho de 2020]. SSN - 1692-3561. Available at: http://scielo.sld.cu/scielo.php?script=sci_arttext&pid=S2071-00542015000300008

FERREIRA SOARES, N, et al. Revestimento comestível antimicrobiano na conservação pós-colheita de goiabal [Online]. 2018, (Brasil), 281 (289), p. 282- 283. Disponível em:

https://www.researchgate.net/publication/329019781_Antimicrobial_edible_coating_in_post-harvest_conservation_of_guava

FRANCO, M, et alt. Efeito do Plastificante e do Amido Modificado em Filmes Biodegradáveis para Proteção do Morango. Instituto de Ciência e Tecnologia [Online]. 2016, p. 1. https://doi.org/10.1111/jfpp.13063. Disponível em: https://ifst.onlinelibrary.wiley.com/doi/abs/10.1111/jfpp.13063

GARCÍA Mónica. et al. Métodos modernos para a caraterização de películas e revestimentos comestíveis. BioTecnología. [Online], (2018), (México), 22(1), p.39. [Acedido em: 04 de agosto de 2020]. Disponível em: https://smbb.mx/wp-content/uploads/2018/06/Garci%CC%81a-et-al-2018.pdf

GARCÍA ROLDÁN, Aitor. Comparação das propriedades físicas de filmes comestíveis à base de isolado proteico de soro de leite ou gelatina de peixe com extractos de funcho do mar incorporados [Em linha] (Tese de licenciatura) (Engenharia) (Tese de licenciatura). Universidade Pública de Navarra, Faculdade de Engenharia Agronómica. Pamplona, Espanha. 2017.p.15 [Acedido: 2020-08-03]. Disponível em: https://academica-e.unavarra.es/bitstream/handle/2454/29023/TFG%20A.%20Garcia.pdf?sequence=1&isAllowed=n

GARCÍA, O & PINZÓN, M. Efeito de revestimentos de amido de banana-da-terra (musa paradisiaca l.) na qualidade do morango. Revistas alimentos hoy [Online], 2016, (Colômbia), 25 (39), pp. 3-5-9. [Acedido em: 8 de março de 2020]. ISSN 2027-291X. Disponível em: https://alimentoshoy.ata.org.co/index.php/hoy/article/view/407

GENEVOIS, Carolina. et al. Aplicação de revestimentos comestíveis para melhorar a qualidade global da abóbora fortificada. Innovative Food Science and Emerging Technologies [Online], 2017, (Argentina), vol. 33, p. 1. [Acessado em: 11 de junho de 2020]. Doi.org/10.1016/j.ifset.2015.11.001. Disponível em: https://www.sciencedirect.com/science/article/pii/S1466856415002143

HERNANDEZ Marilyn. Caracterização físico-química de amidos de tubérculos cultivados em Yucatan, México. Ciênc. Tecnol. Aliment., Campinas [Online], 2008, (México), 28 (3), p.5. [Consulta:12 de agosto de 2020]. DOI 10.1016/j.foodhyd.2017.05.023. Disponível em: https://www.scielo.br/pdf/cta/v28n3/a31v28n3.pdf

HOLGUÍN CARDONA, Juan Sebastián. Obtenção de um bioplástico a partir de fécula de batata [Em linha] (Tese de licenciatura) (Engenharia) (Tese de licenciatura). Fundación Universidad de América, Faculdade de Engenharia, Programa de Engenharia Química. Bogotá-Colômbia. 2019.p.34 [Acedido: 2020-08-03]. Disponível em: https://repository.uamerica.edu.co/bitstream/20.500.11839/7388/1/6132181-2019-1-IQ.pdf

IBARRA HERNÁNDEZ, E. *Engenharia da tequila.* [Em linha]. 1ª Edição, Bogotá-Colômbia: INNOVA, 2010. [Acedido em: 12 de agosto de 2020]. Disponível em: https://books.google.com.ec/books?id=SytHZWErOv8C&pg=PA70&dq=Content+of+Amylose+and+amylopectin+in+the+common+starch+m%C3%A1s&hl=en&sa=X&ved=2ahUKEwjrjtGb6JbrAhWirVkKHbxbBRoQ6AEwAXoECAEQAg#v=onepage&q=Content%20of%20Amylose%20and%20amylopectin%20in%20the%20starch%20m%20C3%A1s%20common&f=false

INFOAGRO. Deterioração de frutas e hortaliças frescas no período pós-colheita [Online] 2019, [Acedido: 2020-05-05]. Disponível em: https://www.infoagro.com/frutas/deterioro_poscosecha_frutas_hortalizas.htm

INSTITUTO EQUATORIANO DE NORMALIZAÇÃO (INEN). Norma Técnica Equatoriana INEN 1751. *Definição e classificação de frutos frescos*. Quito - Equador. 1996. p.3- 4 [Acedido em: 27 de julho de 2020]. Disponível em: https://archive.org/details/ec.nte.1751.1996/page/n9/mode/2up

INSTITUTO EQUATORIANO DE NORMALIZAÇÃO (INEN). Norma Técnica Equatoriana INEN 2832. Norma para tomate (codex stan 293-2007, mod). Quito - Equador. 2013. p.6 [Acedido em: 21 de agosto de 2020]. Disponível em: https://www.normalizacion.gob.ec/buzon/normas/nte_inen_2832.pdf

JIMENES TRUJILLO, Angélica. Revestimento comestível à base de aloe vera (aloe barbadensis miller) para mamão (carica papaya) e goiaba (psidi um guajava) como alimentos de conveniência. FICAYA [Em linha]. 2016, (Equador), p. 15. Disponível em: http://repositorio.utn.edu.ec/bitstream/123456789/6455/2/ARTICULO.pdf

LEÓN CHUMBIAUCA Etelvina Carmen. Determinação do tempo de conservação de frutas imersas em dois tipos de géis à temperatura ambiente em períodos sazonais [Em linha] (Dissertação de Mestrado) (Tese de Licenciatura). Universidad Nacional Del Callao, Vicerrectorado De Investigación, Facultad De Ingeniería Pesquera Y De Alimentos. Bella Vista-Callao. 2015. p.27. [Acedido em: 2020-08-19]. Disponível em: http://repositorio.unac.edu.pe/bitstream/handle/UNAC/991/005.pdf?sequence=1&isAllowed=y

LEÓN VIRGÜEZ, Carolina. Revestimentos comestíveis à base de amido com potencial aplicação na conservação de frutas [Em linha] (Engenharia) (Tese de Licenciatura). Universidad Nacional Abierta Y A Distancia, Especialización En Procesos De Alimentos Y Biomateriales. Bogotá-Colômbia. 2018.p.14 [Acedido: 2020-08-03]. Disponível em: https://repository.unad.edu.co/bitstream/handle/10596/21299/52975967_.pdf?sequence=1&isAllowed=y

LÓPEZ LÓPEZ, Henry. Comportamento de frutos de chile (Capsicum annuum) jalapeño à desinfeção com diferentes sanitizantes em Pós-colheita [Em linha] (Tese de Licenciatura) (Engenharia). Universidad Autónoma Agraria Antonio Narro, Engenharia em Ciência e Tecnologia de Alimentos. Coahuila- México. 2013. pp 31-32. [Acedido em: 2020-06-16]. Disponível em: http://repositorio.uaaan.mx:8080/xmlui/bitstream/handle/123456789/526/62620s.pdf?sequence=1

MÁRQUEZ CARDOZO, C, et al. Efeito de revestimentos de fécula de mandioca com ácido ascórbico e N-acetilcisteína na qualidade da banana-da-terra (Musa paradisiaca). Revista Facultad Nacional de Agronomía [Em linha]. 2015, (Colômbia),68 (2), p. 6. ISSN 0304-2847. Disponível em: https://translate.google.com/translate?hl=es&sl=en&u=http://www.scielo.org.co/scielo.php%3Fscript%3Dsci_arttext%26pid%3DS0304-28472015000200010&prev=search&pto=aue

MELO SABOGAL, Diana. et al. Aproveitamento da polpa e da casca da banana (musa paradisiaca spp) para a obtenção de maltodextrina. Biotecnología en el Setor Agropecuario y Agroindustrial [Online], 2015, (Colômbia), 13 (2), p. 38. [Acedido em: 3 de julho de 2020]. Disponível em: http://www.scielo.org.co/pdf/bsaa/v13n2/v13n2a09.pdf.

MONTOYA LÓPEZ, J. & et al. Caracterização da farinha e do amido de frutos de banana Gros Michel (Musa acuminata AAA). Ata Agronómica, [Online], 2015, (Colômbia), 64 (1), p. 12. [Acessado em: 14 de julho de 2020]. ISSN 0120-2812 Disponível em: https://www.redalyc.org/pdf/1699/169932884002.pdf

OLIVEIRA, Rodrigo. Fabrican plástico biodegradable con almidón de yuca [Online].Colombia : El Espectador, 2019. [Acedido: 4 de agosto de 2020]. Disponível em: https://www.elespectador.com/noticias/ciencia/fabrican-plastico-biodegradable-con-almidon-de-yuca/

OÑATE ZÚÑIGA, Lizbeth Estefanía. Desenvolvimento de um revestimento comestível para morango (Fragaria x ananassa Duchesne) à base de amido de batata chinesa (Colocasia esculenta Schott) da variedade branca [Em linha] (Engenharia) (Tese de Licenciatura). Universidade Técnica de Ambato, Faculdade de Ciências e Engenharia Alimentar, Carreira de Engenharia Alimentar. Ambato- Equador. 2018.p. 14 [Acedido: 2020-05-16]. Disponível em: https://repositorio.uta.edu.ec/bitstream/123456789/28391/1/AL%20685.pdf

ORGANIZAÇÃO DAS NAÇÕES UNIDAS PARA A AGRICULTURA E A SAÚDE (FAO). Carboidratos na nutrição humana. Relatório da Consulta Conjunta de Peritos da FAO/OMS, Roma. [Em linha], 1997, (Roma), p.75. [Acedido em: 12 de agosto de 2020]. ISBN 92- 5-304114-5. Disponível em: https://books.google.com.ec/books?id=FZ_ed5pkNdoC&pg=PA74&dq=Content+of+Amylose+and+amylopectin+in+the+common+starch+m%C3%A1s+&hl=en&sa=X&ved=2ahUKEwiG76Tt0pbrAhVQmVkKHW98BuwQuwUwAHoECAAQCQ#v=onepage&q=Content%20of%20Amylose%20and%20amylopectin%20in%20the%20starch%20m%20C3%A1s%20common&f=false

ORGANIZAÇÃO DAS NAÇÕES UNIDAS PARA A AGRICULTURA E A SAÚDE (FAO). Conservação de frutas e legumes através de tecnologias combinadas. Manual de formação.

[Online], 2004, (Roma), p.8. [Acedido: 24 de agosto de 2020]. Disponível em: http://www.fao.org/3/a-y5771s.pdf

PAUTA LUNA, Diego. Revestimentos comestíveis à base de amido e goma gelana para a conservação pós-colheita de maçãs [Em linha] (Dissertação de Mestrado) (Tese de Licenciatura). Universitat Politécnica De Valencia, Engenharia Alimentar. Valencia- Espanha. 2017.pp. 4-6-7. [Acedido em: 2020-05-16]. Disponible en: https://riunet.upv.es/bitstream/handle/10251/99194/PAUTA%20-%20RECUBRIMIENTOS%20COMESTIBLES%20A%20BASE%20DE%20ALMID%C3%93N%20Y%20GOMA%20DE%20GELANO%20PARA%20LA%20CONSERVACI%C3%93N%20POSTCO....pdf?sequence=1.

PILATAXI RAMÍREZ Jorge. Efeito do recobrimento com três soluções de fécula de mandioca na conservação de frutos de tomate rins (Solanumlycopersicum, Mill) [Em linha] (Tese de Licenciatura) (Engenharia) (Tese de Licenciatura). Universidad Central Del Ecuador, Facultad De Ciencias Agrícolas, Carrera De Ingeniería Agronómica. Quito- Equador. 2019.pp.9-44. [Acedido em: 2020-08-08]. Disponível em: http://www.dspace.uce.edu.ec/bitstream/25000/19846/1/T-UCE-0004-CAG-158.pdf

RAMOS GARCÍA, M. et al. Amido modificado: Propriedades e usos como revestimentos comestíveis para a conservação de frutas e vegetais frescos. Revista Iberoamericana de Tecnología Postcosecha [Online], (2018), (México), 19(1), p.3. [Acedido em: 05 de agosto de 2020]. ISSN: 1665-0204. Disponible en https://www.redalyc.org/jatsRepo/813/81355612003/81355612003.pdf

RIBBA Laura. et al. Desvantagens e limitações dos materiais à base de amido. Porta de pesquisa [Online], (2017), (Argentina), p.37-38. [Acedido em: 05 de agosto de 2020]. Doi org /10.1016/B978-0-12-809439-6.00003-0 Disponível em: https://www.sciencedirect.com/science/article/pii/B9780128094396000030

ROCHA Anny, et al. Conservação de goiabas "Paluma" revestidas com fécula de mandioca e pectina. DYNA. [Online]. 2017, (Colômbia), 85 (204), p. 3-5. [Acessado em: 3 de julho de

2020]. ISSN 0012-7353. Disponível em: http://www.scielo.org.co/scielo.php?pid=S0012-73532018000100344&script=sci_abstract&tlng=pt

RUBIO ARAUJO, Favio Nolberto. Métodos de control postcosecha de antracnosis en frutas [En línea] (Trabajo de Titulación) (Ingeniería) (Tesis de Grado). Universidad Nacional de Trujillo, Facultad de Ciencias Agropecuarias, Escuela Académico Profesional de Ingeniería Agroindustrial. Trujillo - Peru. 2015. pp. 2-3-4. [Acedido em: 2020-06-16]. Disponível em: http://dspace.unitru.edu.pe/bitstream/handle/UNITRU/4302/RUBIO%20ARAUJO%20FABIO%20NOLBERTO.pdf?sequence=3&isAllowed=y

RUILOBA, Ivanova. et al. Elaboração de bioplásticos a partir de amido de sementes de manga. Grupo Ciencia y Tecnología Innovadora de Alimentos [Online], 2018, (Panamá), 4(1), p.1. [Acedido em: 03 de agosto de 2020]. Disponible en: file:///D:/TEMPOR~1/1815-Texto%20del%20art%C3%ADculo-8742-2-10-20180710.pdf

RUIZ MEDINA, DOLORES. Desenho de um revestimento comestível bioativo para aplicação em morangos (fragaria vesca) como processo pós-colheita [Em linha] (Tese de Licenciatura) (Engenharia). Escola Politécnica Nacional, Faculdade de Engenharia Química e Agroindústria. Quito- Equador.2015. p.45- 47. Disponível em: https://bibdigital.epn.edu.ec/bitstream/15000/11181/1/CD-6412.pdf

SALGADO ORDOSGOITIA, R. et al. Análise das curvas de gelatinização de amidos nativos de três espécies de inhame: criollo (dioscorea alata), espino (dioscorea rotundata) e diamante 22. Scielo, [Em linha], 2019, (Colômbia), 30(4), p.99. [Acedido em: 30 de julho de 2020]. Disponível em: https://scielo.conicyt.cl/pdf/infotec/v30n4/0718-0764-infotec-30-04-00093.pdf

SÁNCHEZ, I, et al. Caracterização e efeito antimicrobiano de suspensões de revestimento comestível à base de amido. Food Hydrocolloids [Online], 2016, (EUA), p. 1. [Acedido: 14 de agosto de 2020]. Disponível em: https://www.sciencedirect.com/science/article/abs/pii/S0268005X15300795

SANTIAGO SANTIAGO, Maricela. Elaboración y caracterización de películas biodegradables obtenidas con almidón nano estructurado [En línea] (Trabalho de Titulação) (Mestrado), Universidad Veracruzana, Instituto De Ciencias Básicas. Veracruz- México. pp.5-6. 2015. Disponível em:

https://cdigital.uv.mx/bitstream/handle/123456789/46809/SantiagoSantiagoMaricela.pdf?sequence=2&isAllowed=y

SHAH, Umar. et al. Uma revisão dos recentes avanços no amido como películas de embalagem activas e nanocompósitos. Cogent Food & Agriculture, [Online], 2015, (EUA), 1(1), pp.1-2. [Acessado em: 05 de agosto de 2020]. ISSN (Print) 2331-1932 (Online) Página inicial da revista: Disponível em: https://www.tandfonline.com/doi/pdf/10.1080/23311932.2015.1115640

SIMBAÑA TIPÁN, Klever Fernando. Avaliação do efeito do revestimento com duas soluções de fécula de mandioca em babaco (Vasconcellea x heilbornii. Heiborn) a duas temperaturas [Em linha] (Tese de Licenciatura) (Engenharia) (Tese de Licenciatura). Universidad Central Del Ecuador, Facultad De Ciencias Agrícolas, Carrera De Ingeniería Agronómica. Quito- Equador. 2019.p.4-30-34. [Acedido em: 2020-08-08]. Disponível em: http://www.dspace.uce.edu.ec/bitstream/25000/18335/1/T-UCE-0004-CAG-080.pdf

SOLANO DOBLADO, L. et al. Filmes e revestimentos comestíveis funcionalizados. TIP Revista Especializada en Ciencias Químico-Biológicas, [Online], 2018, (México), 21(1), p.32-33-38. [Acedido em: 2 de julho de 2020]. DOI 10.22201/fesz.23958723e.2018.0.153. Disponível em: http://tip.zaragoza.unam.mx/index.php/tip/article/view/153/166

SOLÍS JIMENEZ, Diana et al. Efeito do revestimento de amido de mandioca modificado em hass de abacate. Rev. P+L [online], 2015, (Colômbia), 10 (2), pp.32-36. ISSN 1909-0455.Disponível em: http://www.scielo.org.co/pdf/pml/v10n2/v10n2a04.pdf

SOLÓRZANO VILLACRÉS, Vicky. Estudo do efeito de um revestimento comestível com látex de sande (brosimum utile) no tempo de conservação de mandioca (manihot sculenta), tomate arbóreo (solanum betaceum) e batata (solanum phureja) [Em linha] (Tese de Licenciatura) (Engenharia) (Tese de Licenciatura). Escuela Superior Politécnica de Chimborazo, Faculdade de Ciências, Escola de Bioquímica e Farmácia. Riobamba- Equador. 2015.pp.12-30 [Acedido: 2020-06-16]. Disponível em: http://dspace.espoch.edu.ec/handle/123456789/4372

SONG Xiaoyong. et al. Effect of Essential Oil and Surfactant on the Physical and Antimicrobial Properties of Corn and Wheat Starch Films. Jornal Internacional de Macromoléculas Biológicas. [Online]. 2018, (China), 107 (2), p.1 [Acessado: 8 de julho de 2020]. DOI 0.1016/j.ijbiomac.2017.09.114. Disponível em: https://pubmed.ncbi.nlm.nih.gov/28970166/

TIANYU Jiang. et al. Materiais biodegradáveis à base de amido: desafios e oportunidades. Centro de Polímeros de Recursos Renováveis. [Online], (2019), (China), 8(18), p.8. [Acessado: 05 de agosto de 2020.DOI 10.1016/j.aiepr.2019.11.003 Disponível em: https://www.sciencedirect.com/science/article/pii/S254250481930051X

TOSNE, LIZETETH. et al. Efeito do Revestimento de Fécula de Mandioca e Cera de Abelha em Chontaduro. Biotecnologia no Setor Agrícola e Agroindústria Hortícola [On line]. 2014, (Colômbia), 12 (2), pp. 6-7. Disponível em: http://www.scielo.org.co/pdf/bsaa/v12n2/v12n2a04.pdf

TRUJILLO RIVERA, Cinthya Tatiana. "Obtenção de filmes biodegradáveis a partir de fécula de mandioca (manihot esculenta crantz) duplamente modificada para uso em embalagens de alimentos" [Em linha] (Tese de Licenciatura) (Engenharia) (Tese de Licenciatura). Universidad Nacional Amazónica De Madre De Dios, Facultad De Ingeniería, Escuela Académica Profesional De Ingeniería Agroindustrial. Puerto Maldonado - Peru. 2014. p.20. [Acedido em: 2020-08-06]. Disponível em: http://repositorio.unamad.edu.pe/bitstream/handle/UNAMAD/65/004-2-1-013.pdf?sequence=1&isAllowed=y

VALENCIA CHAMORRO, S.; & TORRES MORALES, J. Revestimentos comestíveis aplicados a produtos de IV e V gama. Revista Iberoamericana de Tecnologia Pós-colheita. [Online]. 2016, (México), 17 (2), pp. 162-163-164-165. [Acedido em: 8 de julho de 2020]. ISSN 1665-0204. Disponível em: https://www.redalyc.org/jatsRepo/813/81349041004/html/index.html

VILLADA, Héctor et al. Investigação sobre Amidos Termoplásticos, Precursores de Produtos Biodegradáveis. Información Tecnológica. [Online], 2018, (Colômbia), 19 (2), p.6. [Acedido em: 03 de agosto de 2020]. Disponível em: https://scielo.conicyt.cl/pdf/infotec/v19n2/art02.pdf

ZAPADOR, M & CHIRAL, A. Revestimentos à base de amido para a conservação de frutas e legumes. Revestim [Online]. 2018, (Espanha), 8 (5). pp.2-7. [Acessado: 10 de julho de 2020]. DOI: 10.3390 / revestim 8050152. Recuperado de: https://translate.google.com/translate?hl=es&sl=en&u=https://www.researchgate.net/publication/324753468_Starch-Based_Coatings_for_Preservation_of_Fruits_and_Vegetables&prev=search&pto=aue

ZAPATA CRIOLLO Danixa Marilyn. Avaliação de biofilmes formulados a partir de amido de banana verde (Musa paradisiaca) e mandioca (Manihot esculenta) com gel de aloe vera [Em linha] (Engenharia) (Tese de Licenciatura). Universidad Nacional De Piura, Facultad de Ingeniería Industrial, Escuela Profesional de Agroindustrial e Industrias Alimentarias. Piura-Peru. 2019. p. 16. [Acedido em: 2020-08-03]. Disponível em: http://repositorio.unp.edu.pe/bitstream/handle/UNP/1586/IND-ZAP-CRI-2019.pdf?sequence=1&isAllowed=y

Printed by Books on Demand GmbH, Norderstedt / Germany